中等专业学校试用教材

# 村镇环境保护

王建华　周晓东　编

中国建筑工业出版社

# 前　言

　　《村镇环境保护》是根据建设部颁布的中等专业学校村镇建设专业教学计划及村镇环境保护课程教学大纲编写的。本教材突出实用性，注重联系村镇建设和环境保护的实际，并加强村镇环境管理等内容。通过教学，可对了解村镇规划、建设、管理中科学运用环境保护知识，并取得村镇建设的经济、社会和环境效益打下基础。

　　本教材由南方村镇建设学校王建华和黑龙江省建筑工程学校周晓东编写，王建华任主编。第一、二、六章由王建华编写；第三、四、五章由周晓东编写。

　　在编写过程中，得到建设部中专工民建与村镇建设专业教学指导委员会的热情指导和大力支持。北京建筑工程学院李燕城副教授主审了全书，并提出了宝贵的意见。在此对他们表示衷心的感谢。

　　由于编者水平所限，有不足之处，恳请读者批评指正。

# 目　　录

# 第一章　环境的基本知识

人类的生存和发展，都与其周围的环境休戚相关。人类在谋求生存和发展的各种活动中，对生态环境所产生的影响，又将以其对人类的危害而回报于人类。也就是说，人类的生存离不开环境，需要利用和改造环境，而环境又以人类对它的影响而反作用于人类。例如人类为了获得更多的物质财富，于是就大力发展工业，如冶炼、锻造、纺织、造纸、制革等，以满足为生存和发展所需的日益增长的物质条件。但在工业发展和增长的同时，也排放出大量的废气、废水、废渣（简称"三废"）和产生的噪声等，这些有害有毒物质都危害着人类的健康甚至生存。人类与环境之间的这种互相作用互相联系，就是人类与环境的关系。在村镇建设方面，由于近年建设的速度加快，而环境保护工作起步晚、基础条件较差，加之过去较长一段时间，人们对环境问题的严重性认识不够，很多地方因此吃了苦头。如乡镇工业的迅速发展，有的由于没有及时治理废气、废水、废渣以及产生的噪声等，造成环境污染日益严重；有的不合理地开发，使自然资源遭到严重破坏；有的是因建设无规划或规划不合理导致生态失去平衡。因此，村镇面临着十分严峻的环境问题。据有关资料，目前全国水土流失面积达150万km²，森林的覆盖率也只有11.5%，大片的土地受到正在扩展的沙漠化的威胁。1990年全国农业环境质量调查表明，有机氯农药（1983年禁止生产）对农业环境的影响尚未消除，新型替代产品的污染问题又有所突出。目前全国约有1亿亩农田遭受农药污染，农用化学肥料的有效利用仅占施用量的30%，其余有约70%的挥发到大气中，或流入土壤和水体。劣质化肥污染农田面积约为2500万亩。农用塑料地膜平均每亩残留5kg左右，大小地膜残片平均每亩高达43000块左右，平均残留率为20~30%。由于城市迁移到村镇的企业，对村镇环境的污染十分严重。仅东北某市一家火力发电厂，在厂内改革排污前，每年排污可使1200多亩农田不能耕种而荒废。对此，党和国家十分重视，早在1983年底召开的第二次全国环境保护工作会议中就指出：环境保护是我国的一项基本国策。这充分说明，防治污染，保护生态环境，是建设社会主义现代化强国的一项重要内容。当然也是村镇规划、建设、管理的一项重要内容。

## 第一节　环境和生物圈

### 一、环　境

#### （一）环境概念

环境是相对于某一系统而言的。环境是由一个不属于系统，但与系统密切相关的客观事物所组成的集合。在环境科学中，是把人作为系统的，那么，环境是人类赖以生存的空间，是环绕于人类周围的客观事物的整体。就环境的广义概念而言，环境是由自然环境和社会环境两个部分组成的。自然环境是在人类社会未出现以前早就客观存在的。人类的生存与发展离不开周围的空气、水、土壤、动植物和各种矿物资源。所谓自然环境，就是这些围绕着人们周围的各种自然因素的总和，即由大气圈、水圈、岩石（含土壤）圈和生物圈等几个自然圈所组成。社会环境，通常也称为人为环境。是人类社会为了不断提高自己的物质和文化生活水平而创造的环境。如乡镇工业，农副加工企业、村庄、集镇、建（构）筑物、交通运输、文化娱乐场所、名胜古迹及风景游览区等。1989年12月26日公布施行的《中华人民共和国环境保护法》对环境作了更具体的概括。其中第二条明确规定："本法所称环境，是指影响人类生存和发展的各种天然的和经过人工改造的自然因素的总体，包括大气、水、海洋、土地、矿藏、森林、草原、野生生物、自然遗迹、人文遗迹、自然保护区、风景名胜区、城市和乡村等。"这是针对环境法所要保护的环境要素及对象提出来的，也是人类周围环境的空间组成。

根据不同的讨论对象，环境有大小的区别。大的环境可以是一条长江、一个大森林、一个城市，甚至是一个国家。现在已经常由世界各国共同讨论"保护全球环境"的问题。小的环境可以是一个集镇、一个村庄、一口池塘乃至一个庭院。但不论环境对象的大小，它们都是由若干环境因素形成的。所有环境因素之间又是互相联系，互相作用，形成一个有机的整体，通常将其称为环境系统。人类环境系统见图1-1。

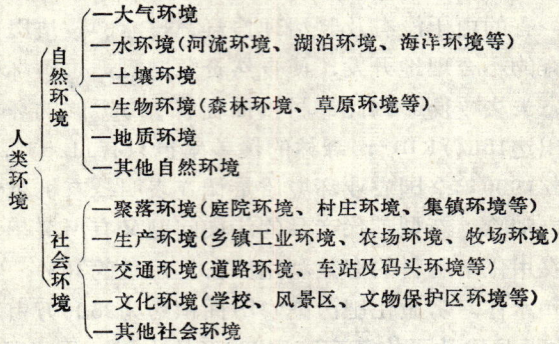

```
                  ┌─大气环境
              ┌自 ├─水环境(河流环境、湖泊环境、海洋环境等)
              │然 ├─土壤环境
              │环 ├─生物环境(森林环境、草原环境等)
              │境 ├─地质环境
    人        │   └─其他自然环境
    类────────┤
    环        │   ┌─聚落环境(庭院环境、村庄环境、集镇环境等)
    境        │社 ├─生产环境(乡镇工业环境、农场环境、牧场环境)
              │会 ├─交通环境(道路环境、车站及码头环境等)
              └环 ├─文化环境(学校、风景区、文物保护区环境等)
                境└─其他社会环境
```

图 1-1  人类环境系统

明确环境系统的本质就在于，环境本身就具有综合、融合、相互影响制约的特征。而从这个思想出发，在村镇环境保护中，就可以进行综合研究并利用各种有效的防治措施，使本地区的环境污染通过综合防治取得较经济的和良好的效果。

**（二）人类与环境的关系**

人类生活于环境之中，一切活动无不受环境的影响，人类也无不影响环境。这就是人类与环境之间对立统一的关系。对这个关系更明确的认识经历了一个痛苦而漫长的过程。自然环境为人类提供了丰富的物质财富和生存的场所，但是在人类出现之后很长的一段时间里，人只是自然食物的采集者和捕食者，而且主要是以生活活动，以生物代谢过程与环境进行物质和能量的交换，这个时期，人类主要是利用环境，而基本没有或不可能去改造周围的环境。这个时期的所谓"环境问题"主要是因为人口的自然增长和动物般地乱采乱捕，滥用自然资源所造成的生活资料缺乏，以及由此引起的饥荒和灾疫等。为了解除这一环境威胁，人类被迫扩大自己的环境领域，逐渐适应在新的环境中生存，从而迈开了改造环境的第一步。在人类的生产活动中，开始出现了农业和畜牧业，这是人类发展史上的一次重大的革命。随着农业和畜牧业的加速发展，劳动逐渐成为生产中的主要因素，人类改造环境的作用也越来越明显。但由于盲目的生产活动，如大量砍伐森林，破坏草原，常常引起水土流失，水旱灾害和土壤沙漠化；盲目兴修水利、发展灌溉，也往往带来土壤盐渍化，沼泽化及血吸虫病等等。这就是"环境给人类敲了第一次警钟"。随着生产力的进一步发展，现代化的工业出现了，这又是人类与环境关系史上一次重大的变革。在大幅度提高劳动生产率，增加人类利用和改造环境能力的基础上，可以大规模地改变环境的结构和组成，从而也改变了环境中的物质流动、能量交换和信息传递系统，扩大了人类的活动领域，丰富了人类的物质生活条件。然而，许多工业产品无论是在生产过程还是消耗过程中都要排放出大量的"三废"，而这些有害物质，在当时许多还是前所未有的，人类既不熟悉，又无法承受。这就是说，现代化工业的出现，产生的环境问题是以"环境污染"为主的。污染的规模之大，影响程度之深也是前所未有的。19世纪80年代前后，英国伦敦曾发生三次由燃煤造成的烟雾事件，先后大约有数千人丧生。在20世纪50年代前后，由于内燃机的发明使用，石油开采和炼制，有机化学工业的迅速发展，对环境带来了更加严重的威胁，终于发生了马斯河谷、多诺拉、伦敦、洛杉矶（光化学）烟雾事件，日本的水俣事件、富山事件、四日事件和米糠油事件等举世闻名的"八大公害"事件。其中死亡人数约四千多人。特别是20世纪50年代以来，不仅工业"三废"排放量大，而且也出现了许多新的污染源和污染物。如海上油轮运油，海上钻探等使海洋受到污染，全球性的航天航空技术战，核战等使高空大气层也遭到污染。80年代初，日本爱媛大学农学部从东京出发到南极之间的往返调查中，对多氯联苯（PCB）、农药（DDT）、（BHC）等物质的浓度进行采样。调查结果表明：在南极附近，大气中上述三种物质的总含量为$1.0 \times 10^{-7} \sim 2.0 \times 10^{-7} mg/m^3$，海水中上述三种物质总含量为$1.0 \times 10^{-7} \sim 4.0 \times 10^{-7} mg/L$。在位于澳大利亚南纬49度处，在1000m深的海水中取样，结果测出，PCB为$2.8 \times 10^{-7} mg/L$，DDT为$3.2 \times 10^{-7} mg/L$，BHC为$11.4 \times 10^{-7} mg/L$。而且南北半球大气中DDT浓度几乎没有差别。难怪有识之士感叹，现在在地球上已不可能找到一块未被污染的"洁净绿洲"了。就一个国家或一个地区来说环境问题也涉及到每一个村镇，影响到各行各业，关系到每个人的工作、生活和健康。中国有大约占世界1/5的人口。而且其中90％以上的人口又生活在广大的村庄和集镇，由此可以说，我国村镇的环境状况如何，不仅对于中国有很大的影响，就是对于整个世界也是有较大的影响。因此，村镇环境问题是一个不容忽视的大问题。

### （三）主要环境问题

人类在利用和改造环境中，取得了巨大成就，创造出日益发展的物质与精神文明，建设出满足人类需要的各类环境。与此同时，人类又在以几乎同建设和创造人类生存和生活环境相同的速度破坏和损害着环境，致使环境质量下降，从而又给人类的生存与发展带来影响和损害。这些由于人类活动或自然因素引起环境质量下降，并对人类以及其它生物的正常生存与发展造成的种种影响和破坏问题，统称环境问题。由自然因素引起的环境问题，称为第一环境问题，又称原生环境问题。这类环境问题主要有火灾、地震、干旱、洪涝等自然灾害问题。由人为因素引起的环境问题，称为第二环境问题，也称次生环境问题，包括环境污染和生态破坏两类问题。我们在村镇环境保护中所要讨论的，主要是第二环境问题，即由人类活动所造成的环境污染与生态破坏问题。它主要包括：

1.大气质量恶化问题。自人类社会进入工业化革命以来，大规模的经济活动已导致了大气质量的恶化，对地球生态系统产生了重大而深远的影响。目前，人们对大气环境最为关心的主要有以下三个问题：

（1）酸雨问题。自从1852年英国的史密斯分析了曼彻斯特附近的雨水，并发现酸雨以来，随着工业的发展，酸雨不断加重。酸雨已严重破坏了森林、湖泊以及建筑艺术。挪威南部的5000个湖泊已有1750个变成无鱼湖；瑞典35000个大中湖泊中有1400个遭到破坏；美国有15个州的降水pH值在4.8以下。目前，酸雨的范围正在扩大，南美、日本、中国都已受到酸雨的威胁，酸雨的酸度也在提高。

（2）"温室效应"问题。自1800年以来，人类仅燃料一项，向大气中排放的二氧化碳就超过了1800亿t，使大气中的二氧化碳浓度增加了25%。现在世界上拥有汽车3亿多辆，飞机70多万架，轮船和舰艇3万多艘，再加上无数的工厂、居民燃煤和森林火灾等等，每年向大气中排放的二氧化碳达100亿t。二氧化碳的大量聚集，造成"温室效应"，使地球表面升温，导致南北极冰雪融化，海面上升，气候异常。科学家们预测，二氧化碳每年以0.5~1%的速度增加，到下个世纪，北极气温将上升6℃，由此引起的极地冰罩融化将在50年内使大西洋的海平面增长1 m左右。

（3）臭氧层破坏问题。人类生产排放的氯氟烃气体、氮氢化物以及超音速飞机飞行等活动，都有消耗和破坏臭氧的作用。据美国雨云7号卫星监测，大气臭氧正在逐渐减少，在仅仅5a内，已减少了2.5%。1987年春天，南极冷极涡流上空的臭氧减少了50~60%。美国气象学家报导，每年10月，南极臭氧层即出现"空洞"。臭氧层的减少和破坏，将增加地表紫外线照射量，从而导致许多浮游生物死亡，改变水生生态系统。

2.水污染与淡水资源短缺。地球上水的储量很大，多达$1.4 \times 10^{18} m^3$，但大多数是海水，不能直接饮用和灌溉。20世纪以来，世界用水量剧增，预计到2000年可达$6.0 \times 10^{12} m^3$。目前，全世界每年排出的污水量约$4.0 \times 10^{11} m^3$以上，造成55000亿$m^3$水体污染，占全球径流量的14%以上。有的国家受污染的地表水达70%。用水量的增加和水污染的加剧，导致全球性水源危机。目前，全球淡水不足的陆地面积占60%，约有20亿人饮用水紧缺，10亿以上的人饮用受污染的水。

我国是个水资源并不很丰富的国家，全国淡水资源总量为272000亿$m^3$。人均占有水量2700$m^3$，不到全球人均占有水量的1/3。可是，目前全国每年排放的污水量高达3400亿$m^3$以上，致使辽河、海河、淮河、松花江、珠江、长江、黄河七大水系均受到不同程度的污染。我国一方面水资源较少，另一方面水污染又不断加剧，再加上浪费十分惊人，水资源短缺已成为影响国民经济发展的一个重要因素。

3.土地资源丧失。目前，全世界沙漠化面积已达40多亿ha，100多个国家受到影响。因沙漠化扩展，每年损失土地600多万ha。70年代初每公顷土地养活2.6人，到2000年需养活6.6人。按联合国粮食组织估计，全世界30~80%的灌溉土地受到盐碱化和水涝灾害危害。由于侵蚀而流失的土壤每年高达$2.4 \times 10^{10} t$。

我国北方沙漠化土地已达33.4万$km^2$，占北方地区面积的10.3%。如仍继续现有的不合理的土地利用结构，将以3.5%的增长率持续增长，到2000年，则会有7万$km^2$的富饶国土沦为不毛之地。目前，全国水土流失面积为150万$km^2$，占国土面积的1/6。由于水土流失，全国每年表土流失量达50亿t以上，相当于全国耕地每年剥去1cm厚的肥土层，损失的氮、磷、钾养分相当于4000多万t化肥。我国现有耕地面积20.5亿亩，人均不足2

亩。多年来，由于城乡交通、水利、能源建设和资源开发占地不断增加，耕地逐渐减少。"六五"期间减少了3689万亩，平均每年减少738万亩。乡镇企业发展更加加剧了耕地的减少。到2000年，减少的耕地可能超过3亿亩。耕地减少，土壤贫瘠，将给我国粮食生产带来极大困难。

4. 森林资源严重破坏。地球上的森林面积，历史上曾多达76亿ha，19世纪减少到55亿ha，1980年减少到43.2亿ha，1985年又减少到41.47亿ha。目前全世界每年损失森林面积为2000万ha。

我国历史上曾是多林的国家。古代文明伴随着森林资源的过早开发，近代多年战乱等，致使大片森林被破坏。20世纪40年代我国已成了世界上的少林国。解放后，随着经济建设的迅速发展，林木采伐量大幅度增长，人们对森林在生态环境中的重要作用缺少认识，致使滥伐与破坏，消耗量大于生长量。再加上毁林种粮，森林火灾，造林成活率低，使森林资源锐减，森林覆盖率下降。建国初期，森林覆盖率为13%，"四五"计划期间降为12.7%，"五五"期间为12%，目前仅有11.5%，还达不到世界平均覆盖率31.3%的一半。

5. 人口激增对环境的压力。据华盛顿人口研究所估计，1987年7月11日，地球上生下了第50亿个人。目前，全球人口已达到54.8亿。据有关方面预测，到2000年，世界人口将增至63.5亿，即每年增长将达1亿人。

人口发展的另一趋势是大量农村人口移居城市，增加城市的压力。1960年世界上城市人口占总人口的33.6%，1985年发展到41.6%。估计，到2000年，将达到50%以上。

城市人口过分集中，给住房、卫生设施、食物供应等增加一系列困难，带来严重的城市生态问题。人口过速增长对环境造成的破坏，乃是人类生存和发展的最大威胁。有人认为，人口问题是一切次生环境问题（第一环境问题）的根源和核心。

自从1949年以来，中国的人口以历史上和世界上少有的速度增长着。如1957年中国人口自然增长率为23‰，1963年则猛升到33.5‰，1971年又恢复到23.4‰。从1949年到1979年的30a中，中国共出生6亿多人，净增4.3亿多人，平均每年增长20‰。目前，中国的人口已达12亿，是世界第一人口大国，由人口所带来的环境问题也是世界上最为严重的。

（四）我国环境问题的特点

环境问题既复杂又广泛，而且由于各个地区的自然背景、经济社会发展状况的不同，环境问题还呈现出明显的地区性和不同的特点。

我国环境问题的主要特点是：

1. 我国经济发展水平低，但是环境污染和自然生态破坏却已相当严重，而目前国家又拿不出很多钱来用于治理环境污染和生态破坏；

2. 我国环境问题与人口问题交织在一起，人口过多造成极大的环境压力，使环境问题的解决更加困难；

3. 我国大约有40万个工业企业，其中90%以上是小型企业，特别是近些年来乡镇企业的迅速发展，给环境造成了很大的冲击。这些乡镇企业一般是技术装备落后，原料、能源浪费大，无环保设施，加之布局不合理和管理不善，对环境造成了严重破坏；

4. 我国农村落后，生产力发展水平低下，农民为了维持基本的生活需要，而盲目地冲击农业生态和自然环境。如一度出现的砍林、劈山、填河（湖、塘）、开垦草地造田；捕猎鸟类、兽类等；不合理灌溉，不合理使用化肥和农药等等；

5.我国科学文化比较落后，国民环境意识比较低。在村镇，环境保护起步晚，环境教育不够普及，村镇规划、建设、管理人员的素质尚待进一步提高。所有这些，都给环境保护工作带来了一定的困难。

## 二、生 物 圈

人们把地球表面层的大气圈、水圈、岩石圈（含土壤）连同其间的大约 200 万 种生物等统称为生物圈。人类就生活在这个庞大的生物圈里。其中的大气、水和土壤是与人类生存发展密切相关的主要环境因素。因此，生物圈就是指地球表面全部生物以及与它相关的自然环境的总称。

生物圈的范围是从海平面以下约11km到海平面以上约18km。即从 太平洋 最深处到空气对流层以下和一部分平流层之间的区域。生物圈可分成三层：其上层是大气圈的一部分，中间层是水圈，下层是土壤岩石圈的一部分。有人曾形象地将地球比作一只苹果，而人类和一切生物就生存在苹果皮厚的一层（生物圈）中。

### （一）气圈

气圈是大气层中的对流层和一部分平流层。气圈对人类的生存和发展影响较大，气圈的厚度在地球表面的不同地带是不一样的。大气层能供给人类和 生物 活动所 必需的 碳、氢、氧、氮等元素。这些物质所占空气的比例是：氮（$N_2$）大约为78%，氧（$O_2$）大约为21%，氩（Ar）大约为1%，二氧化碳（$CO_2$）大约为0.03%， 水蒸汽（$H_2O$）大约为0.07%。地球的外圈是大气层，其范围大约从地球表面到高空 1100～1400km的高度以内。在大气层中，从地球表面到高空16km左右范围的一层称对流层， 其中空气的质量约占大气圈的3/4。在对流层里，随着高度的增加其空气的温度逐渐降低， 而且地 球表面的热空气不断上升变冷，上部的冷空气边下降边变暖，如此空气无休止地对流，非常活跃。在对流层里，含70～75%的大气物质，且水蒸汽最集中，尘埃含量最高，象云雾、雨雪、冰雹和风暴等奇异的天气现象都发生在这一层里。尤其是地球表面附近约 2km 以内的空气层，因受地形地貌等环境因素和生物活动的影响，其局部气流的变化和更替 更 加 剧烈，是大气污染的主要发生地。因此，对流层是人类生存关系最密切的空气层。在对流层以上直到大约40～50km高空的空气层叫平流层。 与对 流层相比， 这个层次里的空气密度要稀少得多，空气温度的变化也不明显，水蒸汽和尘埃含量非常之少，几乎没有什么气象现象发生。但是其中有一层较薄的臭氧层，它不仅能保护地面生物免受外层空间各种宇宙射线的危害，还可以防止地表温度剧烈变化和水分的超量损失。因此，由于平流层无什么明显天气现象发生。便认为平流层对人类基本不构成影响，这实际上是忽视了臭氧层对环境的重要作用，因而这个观点是极端片面的。

### （二）水圈

水是人类及生物赖以生存所必需的基本要素之一。 全球水面 约占地球 表面的 70% 以上，而总水量约为136亿km³，其中97% 以 上 的水在 海洋中，陆地水 仅占水圈含水量的3%。地球表面水的分布见表1-1。

陆地上的地表水，除了高原终年积雪和冰川以外，大约占总水量的0.017%，其中盐湖和内海水约占一半左右，淡湖水及河流水仅占地球总水量的0.0091%。地表上的淡水主要来自雨、雪等空中降水获得，估计全世界陆地上每年降水量约为10.5万km³，其中大约

| 分 布 类 型 | | 体 积 （万km³） | 占总水量 （%） |
|---|---|---|---|
| 地表水 | 淡 水 湖 | 125 | 0.0092 |
| | 咸 水 湖 | 100 | 0.0074 |
| | 河 流 | 1.3 | 0.0001 |
| 地表以下水 | 土 壤 水 | 65 | 0.0048 |
| | 地 下 水 | 8000 | 0.5894 |
| 其 他 水 | 大 气 水 | 13 | 0.001 |
| | 冰 帽 水 | 28800 | 2.1219 |
| | 冰 川 水 | 200 | 0.0147 |
| 海　　水 | | 1320000 | 97.2515 |
| 总　　量 | | 1357304.3 | 100 |

有2/3由植物蒸腾或由地面蒸发掉，大约有1/3即3.75万km³的淡水，可供人类使用。

水是生命之源，也是多种物质的贮藏库。它不但能向人类 提供 丰富的 矿产 资源，海浪、潮汐的能量和舟楫的方便，而且还是人类食物的重要来源之一，如各种海产动植物。水在其循环过程中，起着调节气候，清洗大气，自身净化提纯的作用。因此，水体质量如何，对人类的生存是至关重要的，保护水体也是人类的责任。

**（三）岩石圈**

岩石圈是地球表面土层和岩石层的总称。也有分别叫土圈和岩石圈的。岩石圈是人类生产、生活活动的舞台，因而对人类和生物的生存影响非常大。

地球的结构可分为三大部分。即地壳、地幔和地核，它们是三个同心圈层。地层是指从地球表面以下几公里到数十公里厚的一层，称为岩石圈。岩石圈的厚度极不均匀，大陆特别是山脉下的地壳都比较厚，海洋所在地方地壳比较薄，地壳 最薄的 地方 也只不过10km左右。从土壤对人类生存的角度来看，土壤不愧是植物的"母亲"，动物的"摇篮"，地球的"肠胃"。没有土地人类将无法生存，流失土壤的地域，存在着生命的危机。

气圈、水圈和岩石（含土壤）圈，是环境的三大基本要素，是它们构成了人类和一切生物生存的环境。因此，大气、水体和土壤的质量如何，直接影响到人类的生存情况。人类在接受它的哺育时，只有保护它的义务，而没有破坏它的权力。这就是人类应该对待环境的态度。

## 第二节　生态系统与生态平衡

### 一、生态系统及其组成

一切生物都必须在一定的自然环境条件下生存。自然环境由 生物 环境 因素（包括动物、植物和微生物等）和非生物环境因素（包括大气、 水体、土壤、阳光及温度 等）构成，构成环境的这些基本因素称为环境因素。生物离开了它必需的环境因素就不能生存，而生物活动又反过来影响自己所处的环境。随着环境科学的研究和发展，一门专门研究各种生物（包括各种动物、植物及微生物等）与生物之间，以及生物与环境（包括大气、水体及土壤等）之间相互关系及相互作用的生态学也获得了长足的发展。

**（一）生态系统概念**

生态系统是指在一定的时间和空间内，生物与生物之间，以及生物与相应环境之间，通过物质循环（常称物流）、能量流动（常称能流）及信息联系而相互作用、相互依存的统一体。这个统一的整体就是生态系统。1935年，英国生物学家坦斯利提出了生态系统理论，这个理论很快得到许多学者的关注，并得到不断完善，到了60年代，生态系统理论便成为人们普遍接受的理论。

实际上，自然界的每一条河流，每一个淘泊，每一片森林，每一个村庄、集镇等，都可以构成大大小小的、各式各样的生态系统。或者说，自然界就是各种各样的生态系统的集合体。

**（二）生态系统的组成**

为了便于理解生态系统的组成，现以农村一口普通小池塘为例予以说明。在池塘里有水、植物、微生物和鱼类等。这些生物的和非生物的环境因素互相联系、互相依存、互相制约，它们在一定的条件下保持着一种自然的而又暂时的 相对平衡 关系， 这就是 一个由水、动物、植物、微生物及鱼类形成的一个池塘生态系统。池塘生态系统见图1-2。

在池塘生态系统中，鱼类要依靠浮游动、植物生活，鱼死了之后，水中的微生物把鱼的尸骨分解成基本元素和化合物，这些基本元素和化合物又是浮游动植物的养料。微生物在分解鱼残体时要消耗水中大量的氧气，而由浮游植物在光合作用下所产生的氧气来补充它的消耗。这就是说，浮游动物食浮游植物，鱼食浮游动、植物，鱼死了的尸体被微生物分解成基本元素和化合物，这些基本元素和化合物又是浮游动、植物的养料。如此，这口小池塘便是一个非常简明而典型的生态系统。

生态系统中的每一个"成员"都充当着一个特定的角色，都有其特殊的功能。如把能够通过光合作用制造有机物质的绿色植物叫"生产者"。由生产者固定的太阳能及制造的有机物质是构成生态系统能量流动和物质循环的基础。通常也有将生产者这类成分称为自养生物。把以植物为食的动物（食草动物），以及进而 以食草 动物为食的动物（食肉动物）称为"消费者"。并且分别称其为一级、 二级和三级 消费者等。 以上动物、 植物死

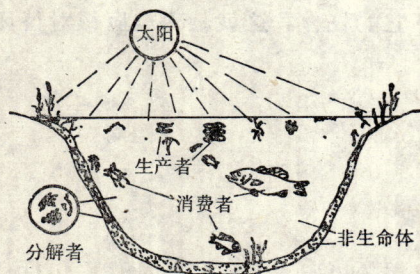

图 1-2　池塘生态系统

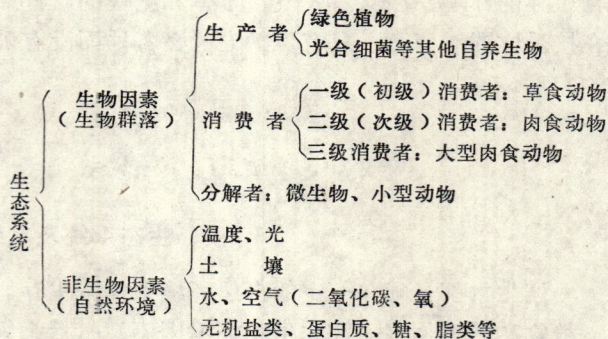

图 1-3　生态系统的组成

后，被微生物分解为无机物质（基本元素和化合物），供生产者再次利用。微生物在这里被称为"分解者"。由此可见，生态系统是由生产者、消费者、分解者及与之相联系的非生物环境（无机物质）四个基本因素组成，见图1-3。

## 二、生态系统的基本功能

所有生态系统都是具有能量流动、物质循环和信息联系的，它们使生态系统形成一个有机整体，并构成了生态系统的基本功能。在生态系统中，能量流动是单向的，不可逆的，而物质的循环则是周而复始的，生态系统能量流动、物质循环模式见图1-4。

### （一）生态食物链

在生态学中，将生态系统中各环节（生产者、消费者及分解者）间的食物联系称为食物链。人们通常说的"大鱼吃小鱼，小鱼吃虾、虾吃滓巴（浮游生物）。"说的就是一种食物关系。前面叙述的小池塘生态系统中，浮游植物通过光合作用而固定太阳能，浮游动物吃浮游植物，鱼吃浮游动、植物，鱼死后被微生物分解成无机物质，无机物质为浮游动植物提供营养。这就是池塘生态系统的食物链关系。食物链上的每个环节都称作一个营养级。如生产者为第一营养级，一级消费者为第二营养级，二级消费者为第三营养级，三级消费者为第四营养级……。一个生态系统里通常只有4～5个营养级，达到七个营养级的生态系统是极为罕见的。

最先发现生物之间存在食物联系的是伟大的生物学家达尔文。到了1927年，埃尔顿首先使用了"食物链"这个名称。到了1961年，斯洛金指出，食物链最多不会超过七个营养级。自然生态系统中的"食物链"关系见图1-5。

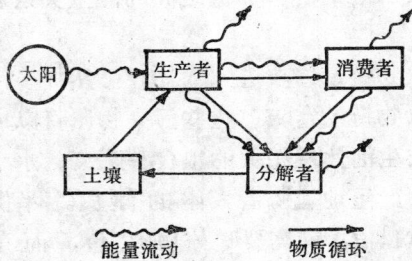

图 1-4　自然生态系统能流、物流模式

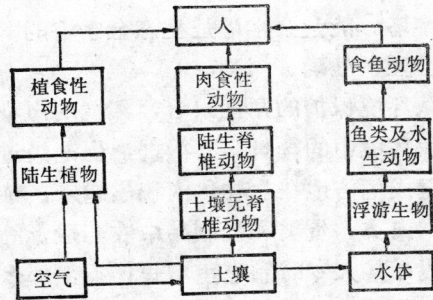

图 1-5　自然生态系统中的食物链关系

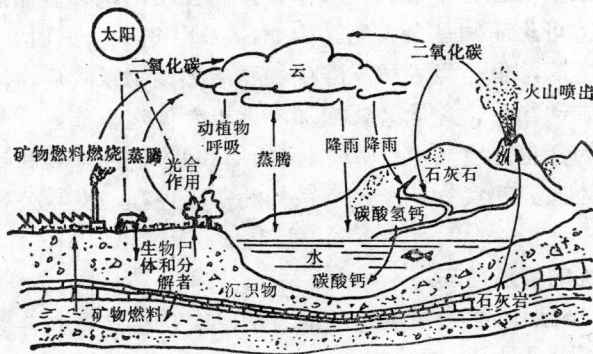

图 1-6　自然界的物质循环

9

实际上，自然界中各种食物链纵横交错，构成所谓食物链网络。自然界的物质和能量，就是通过这样许许多多、大大小小的错综复杂的生态系统进行着循环往复的流动。自然界的物质循环见图1-6。

**（二）生态系统的能量流动**

太阳是巨大的能源库，它毫无保留地向大自然和人类施放着能量。然而，太阳能量中真正为绿色植物所利用的只能占照到植物上总能量的2.4%。某些水生生态系统中，绿色植物能通过光合作用利用的太阳能还不到总太阳能的1%。这部分太阳能通过绿色植物的光合作用进入了生态系统。1kg重的牧草中，含有淀粉，蛋白质、脂肪、纤维素等有机物质，总共有约1.67万J的能量。牛羊等草食动物吃了这些牧草，能量流入了草食动物，当草食动物被肉食动物吃掉以后，能量又流入了肉食动物……。也就是说，能量自太阳出发，沿着生态系统中的生产者、消费者、分解者这三个功能类群，不断地流动着，这就是生态系统中的能量流。而且能量流沿着食物链的顺序逐级减少，能量的流动是单向的，不可逆的。

1959年，生态学家奥德姆提出一种生态系统的理想模式。他假设一个小孩在一年内仅以牛犊为食，他需要吃4.5头牛犊，而这些牛犊至少要用约4ha的苜蓿草喂养。如果小孩的体重是48kg，那么，牛犊必须重1035kg，苜蓿草应当重8211kg。在这个食物链中，太阳的能量约为$2.63 \times 10^{10}$J，苜蓿草吸收$6.23 \times 10^{7}$J，牛犊吸收$4.97 \times 10^{6}$J，人体吸收$3.47 \times 10^{4}$J。也就是说，能量在顺着营养级顺序传递时，只有极少数的能量可以输送给上一级。这样便形成了一张逐级地、急剧地、阶梯级般的递减图形，生态学上常用"金字塔"来形象地描绘生态系统里的这种能量传递情况。由于上小下大，酷似"金字"，故称之为能量金字塔。能量金字塔是生态金字塔的一种表达方式。它对各营养级之间的能量关系表达得最合理、准确、深刻。

从环境保护的角度来看，环境的污染物质沿着食物链最终要进入人体。虽然许多污染物质在环境中的含量极其微弱，但是经过生态系统食物链的富集，这些污染物质将以成万倍乃至成亿倍地在生物体内积累起来，特别是与人类生活休戚相关的粮食、蔬菜、水果、鱼类、肉类、蛋类和乳制品中农药残毒的不断积累，严重地威胁着人体的健康。举例来说，假如某人专门靠吃鱼增长体重，那么要增加体重1kg，就需要吃掉10kg鱼，而生长10kg鱼就要吃掉100kg的浮游动物，生长100kg的浮游动物，就要吃掉1000kg的浮游生物。这一食物链关系呈现出金字塔状，人作为最高层次的消费者而居于塔尖，处于食物链的最后位置，其受害可想而知是最大的。例如，DDT进入大气时，开始浓度并不太高，有时甚至是基本无害的，但是当它被浮游生物和浮游动物吸食后，浓度便可增高，而小鱼吞食浮游生物和浮游动物后，含量又要增加，再若大鱼吃小鱼，含量即可进一步提高。有关资料认为：这时的含量是空气中DDT浓度的约400万倍。水鸟和鸭子吃鱼，而鱼、水鸟和鸭子最终可能成为人类的食物。经过一系列的富集过程，发生公害的危险性必然是大大地增加了。

**（三）生态系统的物质循环**

根据图1-4的讨论已知，生态系统中的能量流动，从生产者到各级消费者是单向的流动，而物质的流动则总是处于一种周而复始的循环之中。还知道，物质是能量流动的载体，能量是物质流动的动力，没有动力，物质将不可能进入生态系统而进行循环。下面介绍水、氮、氧及碳等构成生物有机体的几种主要物质的循环情况。

1.水的循环。水的循环是自然界中最重要的一种物质循环，也是人们最熟悉的一种循环。大海、江河、湖泊等地表水不断地蒸发，以水蒸汽的形式进入大气层，遇冷而凝结成雨、雪、霜、雹降落到地表面，一部分重新流入江河湖泊，最后归于大海。另一部分渗入地下，成为地下水。绿色植物是水循环中的重要因素，植物从土壤中吸收的水分，大约有97～99％通过蒸腾作用而损失掉。这种作用增加了空气中的水分，促进了水的循环。水循环是地球上由太阳能所推动的各种循环的中心。对水循环的任何干扰都会影响自然界其他物质的循环，并且破坏生态平衡。水的循环见图1-7：

2.碳的循环。在生态系统中，碳的循环与水的循环相比，要简单得多。碳是构成有机物体最基本的元素，一般碳的重量占总干体重的49％。碳的循环是从大气到绿色植物（生产者）、消费者，最后经分解者回到大气中。碳的循环就是在空气、水和生物体之间进行的。绿色植物进行光合作用的时候，从大气或水中吸收的二氧化碳（$CO_2$）在太阳光能的作用下，合成为碳水化合物。在草食动物、肉食动物和人的食用过程中，这些碳水化合物沿着食物链逐级转移，并被转变为其他形式的含碳化合物。除了人和动物呼吸时释放出二氧化碳外，木材、石油、煤炭等燃烧时也要放出二氧化碳。陆地上的碳酸盐缓慢淋溶后被水冲入大海。这些返回大气和水中的二氧化碳又被陆地和海洋里的绿色植物重新吸收，便开始了新的碳循环。在碳循环中，森林生态系统是碳的主要吸收者，每年大约要固定（吸收）$36×10^9$ t碳。然而由于人类乱砍乱伐森林，现代工业大量使用石油、煤炭等作燃料，已使大气中的二氧化碳含量大幅度增加，这已危及到全球的大气气候，成为人们普遍关注的环境问题。碳的循环见图1-8。

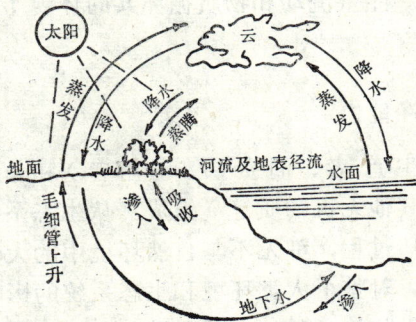

图 1-7　水的循环

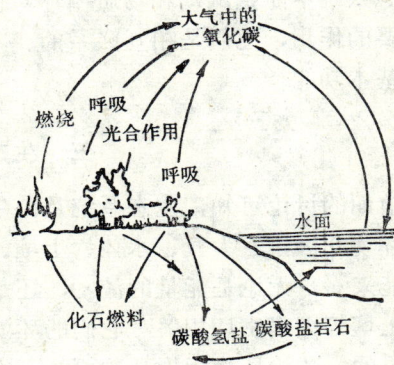

图 1-8　碳的循环

3.氮的循环。氮是构成蛋白质的主要元素之一，人类的生活生存离不开氮。氮主要以游离氮的状态存在于大气环境中，其含量大约占78％。但是空气中大量的氮并不能被植物直接吸收利用，必须先由固氮细菌、蓝藻、光合细菌和某些异养微生物等进行生物固定。在生态系统中所固定的氮，约有60％是由根瘤菌等固氮细菌完成的，这些根瘤菌和大豆、苜蓿草、三叶草等豆科植物共生，它们先把大气中的氮转变成氨或铵盐，再经过硝化细菌的硝化作用转为亚硝酸盐或硝酸盐，这样才能被绿色植物吸收利用，合成蛋白质，在生态系统中的各级消费者中流动。近年来，工业法固氮生产化肥也比较普及了，这也对氮的循环有一定的作用。但是人工固氮若无限制地发展，使固氮作用超过脱氮作用，就会破坏自然界氮的平衡。据有关资料，每年固定的氮比返回大气的氮大约多$6.8×10^6$ t，这部分氮分布在土壤、水体中，不仅破坏了氮的平衡，而且造成土壤和水体的污染。这就应当引起人类的高度重视。氮的循环见图1-9。

### （四）生态系统的信息传递

在一个生态系统的内部。存在着各种形式的信息，由许许多多的信息把生态系统联系成为一个统一的整体。生态系统中的主要信息形式有：营养信息。如生态系统中的食物链或食物网，便是一个典型的营养信息系统。它通过营养交换形式，把信息从一个种群（或个体）传递给另一个种群（或个体）；化学信息。生物在特定的条件下，分泌出某些化学物质，这些分泌物将在生物种群（或个体）

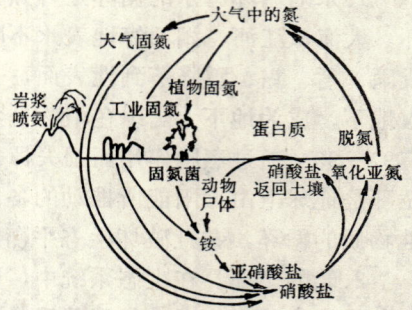

图 1-9　氮的循环

之间起到某种信息传递的作用，便构成了化学信息传递系统。如猫、狗等可通过排尿标记其行踪和活动范围。研究表明：化学信息对集群活动及集群整体性的维持，具有非常重要的作用；物理信息。鸟鸣、兽吼，颜色、光，一定的地形与地貌等，可以传递物理信息。如鸟鸣、兽吼叫可以传递惊慌、安全与否、警告、好恶、有无食物及求偶等各种信息。昆虫可以根据花的颜色判断食物（花蜜）。鱼可通过光判断食物，使光成为自己寻觅食物的信息；行为信息。许多动物可通过自己的各种行为方式向种群中的同伴们发出识别、威胁、求偶及挑战等的信息。有关专家认为：尽管现代科学技术还不能解开这些自然界的信息语言之谜，但这些信息对种群和生态系统调节的重要作用是完全能为人们所接受的。

生态系统中能量流动和物质循环（也称能流与物流）虽然其性质有所不同，但各自发挥着重要的作用，它们是相互联系的、不可分割的。能量流动和物质循环共同体现了生态系统的基本功能。

## 三、生态系统的自净能力

由前面的讨论可知，生态系统是由生物群落（生产者、消费者、分解者）和非生物（自然环境）因素（大气、水体、土壤、太阳能和其他无机物质等）组成。从生态系统的基本功能来看，无论是能量的流动，还是物质的循环过程，都无不与自然环境中的大气、水体和土壤等因素密切相关，它们的环境质量如何，对整个人类环境和生态系统的影响是举足轻重的。防治环境污染是重要的，它一方面要靠防治，另一方面要靠环境因素本身的自我净化功能来反抗和抑制环境的污染。

自然界始终处于运动状态，绝对不受污染的大气、水体和土壤是不存在的。在正常情况下，受污染的环境经过环境本身发生的物理的、生物的、化学的以及生物的等等一系列变化，都具有恢复和保持原有状态的能力，这就是环境因素的自净能力。

1.大气的自净。对于大气而言，污染物质进入大气后，将经过一系列自然条件下的物理作用和化学作用，或者是向空间扩散，从而使其稀释，所含浓度大幅度下降；或者是在地球引力的作用下，使质量较大的污染物颗粒沉降于地面，或是经雨水的洗涤而降落于地面；或者是被分解和破坏等等，从而使空气得到净化。这就是大气的自净作用。

2.水体的自净。当污染物质进入水体后，对于悬浮的固体微粒而言，或者是在流动中得到扩散和稀释，使其浓度降低；或者是经过沉淀使污染物质浓度降低，这是水体的物理性净化作用。对于有机物而言，是通过生物作用，尤其是微生物的作用使其分解而降低浓度，这是水体的生物净化作用。水体的污染物还可通过氧化、还原、吸附和凝聚等作用使浓度降低，这又是水域的化学净化作用。通过水体的净化作用，通常可使受污染水体恢复和保持原来的状态。

3.土壤的自净。当工业废气（主要指其中的烟尘）、废水、废渣及农药等污染物进入土壤后，土壤可通过挥发、扩散、分解等作用，逐步降低污染的浓度，减少毒性。或经沉淀、胶体吸附等作用，使污染物质发生形态变化，变为难以被植物利用的形态而存在于土壤中，暂时退出生物小循环，脱离食物链；或通过生物、化学降解，使污染物质变成毒性较小或无毒性，甚至变成有营养的物质；有些污染物质在土壤中还会发生形变，而被分解气化、迁移至大气中，这些就是土壤的净化功能。

除此之外，利用动、植物等环境因素作用（自净能力）消除环境污染，在国内外已展开了大量的工作，并取得了明显的成效。广大村镇自然环境条件比较优越，在规划、建设和环境保护工作中应充分利用其有利条件，防治污染、保护村镇环境。如利用绿色植物可以净化大气。据测算，$1m^2$的草坪$1h$可以吸收二氧化碳$1.5g$，$1ha$针叶林一天可消耗二氧化碳$1t$；植物还可以净化大气中的氟、二氧化硫等有害气体及铝、镉等重金属。树林的滞尘作用也很明显，它对粉尘的阻滞和过滤有很好的效果。利用生物净化污水效果也较明显。常用的生化法处理污水，就是利用微生物对污水中有机物质的分解、氧化作用。利用天然池塘、洼地及水坑中的水草、藻类和微生物的吸收、分解、氧化作用净化污水，在村镇环境保护中更应足够地重视和利用。据测算，一亩水面的水葫芦在含有银的矿床污水中，每4天可吸收银$750g$，并且对铜、金也有类似的效果。利用动物净化环境的工作开展的还不够广泛，但这也是不容忽视的方面。据有关资料，"鱼放在有1/5无毒污水的养鱼塘中，不仅可正常成活，而且增重率比净水养鱼高，一般六个月体重可增加20倍，在食用前，放在净水中饲养一周至20d，就可象正常鱼一样干净。"利用蚯蚓处理造纸厂和食品加工厂污泥，也有十分广阔的前景，开展生物法防治农作物和植物病虫害，可减轻施用农药对环境的污染等，也都能取得明显成效。

综上所述，环境具有对造成本身污染的污染物质的自我净化作用，环境的自身净化作用、生态系统的能流、物流等都是生态系统的重要功能。但是环境的自净作用毕竟是有限的。如当环境中的污染物浓度超出了自身的自净能力时，环境就出现了污染，这就是通常所谓的环境污染。

## 四、生态平衡

在正常状态下，生态系统中的生产者、消费者、分解者以及非生物环境因素之间，周而复始地进行着物质循环，伴随着能量流动和信息的传递。而且生产者、消费者、分解者之间，在种群上和数量上，都维持相对稳定状态，这种稳定关系，实际上是处于一种非静止的动态的平衡，这就是生态平衡。物质循环、能量流动及信息传递的畅通是生态系统保持平衡的基本条件，也是生态系统基本功能的本质之所在。

物质循环、能量流动是同时进行的，二者互相依存不可分割，这充分体现了生态系统的整体系统功能。物质作为能量的载体，使能量沿着食物链关系逐步转移形成能流；而能量作为动力，促进物质循环。否则，物质长期存在于自然环境，就不能进入生物区域而形成循环过程。事实上，能量之所以能流动，物质之所以能循环，完全依赖生物群落中所有种类的生命活动。因此，生物群落是一切生态系统的核心和主体，在村镇建设中，必须维护人类良好的生存环境，其中最根本的就是保护和发展生物资源，以保持自然的生态平衡。

由此可知，如生态系统中某个环节受到干扰，或因环境污染，或因乱砍乱伐，或因掠夺性捕猎和自然灾难等，就会使原来的物质循环、能量流动和信息传递受到阻碍，甚至终止，就会使生态平衡遭到破坏，即通常所说的生态破坏。一般正常情况下，生态系统中的某个或某几个环节受到干扰，可通过系统的自我调节作用维持平衡状态，或达到新的平衡。然而，这种自我调节能力是有限的，如若受到系统外相当大（指超过其调控能力）的"冲击"而无能力维持或达到新的平衡时，就是生态系统遭到破坏。即生态破坏。

生态平衡遭到破坏，其表现主要有两个方面：一是系统结构的改变；二是系统功能的衰退。系统结构改变主要是指缺损一个或几个组成环节，致使平衡失调，甚至可使系统崩溃，如村镇建设中乱砍乱伐山林，垦草开荒造田、填河筑坝、乱捕滥杀野生动物等。系统的功能衰退主要表现在能量流动不畅，例如生产者数量小于消费者数量，还表现在物质循环受阻、信息传递中断等。

生态平衡破坏，有自然因素，也有人为的因素。自然因素主要是象火山爆发、山崩海啸、水旱灾害、台风地震、流行传染病等自然灾害。例如秘鲁海面的海洋变异现象，使一种来自寒流系的鳀鱼大量死亡，使吃鱼的海鸟失去食物而大批死亡，当地鸟类种群及数量明显减少，以鸟粪为肥料的农田，由于缺少肥料而减产。我国由于水土流失面 积 达$1.5 \times 10^6 km^2$，森林覆盖率也只有11.5%，因而"使大片土地受到正在扩展的沙漠化的威胁"。人为因素引起生态平衡的破坏。一是生物种类成分的改变。如在澳大利亚引进了欧洲野兔，致使当地野兔成灾，使部分地区草场枯竭，草原生态系统遭到破坏。二是环境因素的改变。如村镇乡镇企业迅速发展，排放的"三废"物质进入环境，使生态系统中的某些环境因素发生了改变，致使生态平衡受到影响甚至破坏。三是信息系统的破坏。生态系统中，动植物的繁衍发展是靠一定的信息传递来维持的，如果由于环境的污染而破坏了这种信息传递，就会破坏动植物的交配、繁殖，改变生物种群的结构，严重时可使某些动、植物绝种，导致生态平衡受到影响，甚至遭到破坏。


## 第三节　村镇环境与村镇生态系统

村镇是人类社会发展到一定的历史阶段，即社会生产力发展到一定水平的产物。与城市所不同的是，集镇在于它既有固定的工商业和经常性的生产经营活动，又有世俗的定期的集市贸易，凡集日时，镇上人数往往是大大地超过镇上的常居人口。村庄的特点是，从历史看，村庄一般是集镇乃至城市的发源地。因此，它的存在和发展早于城市。从现今看，它小于城市，也落后于城市。集镇产生于村庄，服务于村庄，它的发展与分布，同当时的经济、社会和自然、地理条件密切相关，而且在很大程度上取决于当地的人口密度和交通条件。村镇环境与城市环境也有不同，村镇一般都处于丰富多彩的自然环境之中，它小于城市，但一般是小而全，城市有的许多东西，村镇一般也有。如工业、副业、农业、商业服务业、文化事业、教育卫生、体育、房屋建筑及有关公用基础设施等。有些城市没有的东西村镇也有。如山川、纵横的河流、森林、广袤的农田、各种禽兽鸟类及 其 它 自然资源。

近年来，党和国家对村镇建设十分重视，在国家关于控制大城市，大力建设和发展小城镇、发展村镇建设的方针指引下，村镇建设的发展速度大大加快了，建设也取得了前所未有的成就。然而，村镇建设既创造了环境、改造了环境，同时又必然地影响了环境，甚至不同程度地破坏了环境，有些地区问题还相当严重。这就是说，村镇建设为人们创造了日益美好而丰富的物质文明，但由于建设和乡镇工农业生产等活动又同时使村镇的生态环境受到严重的影响，使环境质量下降。随着建设的不断发展，特别是集镇将集中相应的工矿企业，生产和生活设施，建设大量的建（构）筑物，集中较多的交通和信息流，集中较多的人口，消耗较多的能源和物资，伴随着噪声和"三废"的污染，自然地貌及景观的破坏，有的地方由于建设活动，过去那种宜人的生态环境被改变了，使村镇的气象条件，水文地质因素都发生了变化，改变了原有生态，逐步地使村镇生态系统成为一个以人工系统为主的新的生态系统。如果对村镇环境及生态系统的严重性认识不足，或即使有认识，但防治不力的话，必然对村镇人民的生产和生活带来严重的威胁。这就是村镇环境已经（对于发展很快的集镇）或即将（对于发展较慢的集镇）面临的问题。

## 一、村镇的主要环境问题

### （一）环境污染向村镇扩散

工业污染向村镇扩散。这个问题一般可以包括两个方面：其一是由于城市工业企业的发展受到城市规模限制，而将某些大中型企业转移到了村镇；其二是在城市工业调整中或为改善城市环境而采取的措施中，把那些污染严重和不宜在市区改建的企业，转嫁给村镇，使村镇集中了较多的工厂企业，因而造成了村镇环境的严重的污染。这些工业企业排放的废水、废气及废渣等，往往使工厂周围几公里甚至数十公里范围农田受损，附近的农作物枯焦；河流、水渠的水体变坏；毒死鱼类、牛羊、鸡鸭的污染事件时有发生。

### （二）乡镇企业污染

近几年我国乡镇企业发展很快。1991年，全国乡镇企业总产值达到1100亿元，这不仅对振兴农村经济，而且对国家建设也是一个巨大的贡献。在发展的行业中，除了第三产业及一些加工工业以外，相当数量的企业在生产过程中也都会产生废水、废气、废渣及噪声等污染。除此之外，办厂的盲目性、产品选择不当，厂址布局不合理、缺乏劳动保护、防治污染措施不力，厂房简陋、设备陈旧，技术力量不足等等，都是导致村镇环境污染的重要因素。由此而对村镇环境造成了相当严重的污染。

### （三）不合理的灌溉和养殖

城市居民生活和工业生产产生的污水，通过河流流入村镇，农民用这些水去灌溉农田，养殖鱼类。当这类水中含有汞、铅、铬等重金属及有毒的有机物如酚类等。它们会通过灌溉等途径进入各种农副产品中，并进而通过食物链危害人体。

### （四）不合理施用农药及化肥

适当使用农药和化肥，是保证农业丰收的有效措施。但是，如若不合理施用，甚至乱施滥用，就会使大量农药、化肥转移到土壤和水体环境而造成危害。这是由于，一方面农药毒性大，特别是DDT、六六六等有机氯农药，在自然环境中不易分解，残存时间长；另一方面，农药和化肥施用面积大，几乎所有作物、林果、草场等都要受到污染。目前，全国仍有 1 亿亩农田遭受农药污染，有约2500万亩农田遭受低劣化肥污染。因此，农药和化肥的施用对村镇环境的污染严重。

### （五）耕地大幅度减少

土地是农业生产最基本的要素。长期以来，滥占土地，特别是滥占耕地的现象极为严重。尤其是城市郊县，往往占用大量土地，甚至占用耕地造厂房、盖仓库。在村镇，居民和村民建房，兴建公用基础设施等，曾经出现的不批乱建、少批多占、批劣用优、早征晚用和将已批土地随意改作它用等现象，损失了大量的优良耕地。乡镇企业的发展，占用土地和耕地的问题更为突出。因此，有的村镇减少土地的速率之高，减少土地的面积之惊人是前所未有的。

### （六）违背生态规律的造田

过去一段时间，一些地方片面追求粮食产量，因而搞围湖造田，毁林造田，开山造田，垦草造田，填河、塘造田等。结果导致水面、林木、草场、花果减少了。造成了水土流失、洪涝灾害频繁、草原沙化，不但粮食没有"大上"，反而破坏了自然环境和生态平衡，许多地方已遭到了自然规律的惩罚。

### （七）破坏自然景观的开采

许多靠近矿藏的村镇，由于不合理地开采矿藏，不仅对自然资源造成了浪费，而且破坏了良好的自然景观。有的是土法上马，一无技术，二无好设备，那些被排弃的尾矿、废渣和在冶炼中排放出的大量废气等，对环境造成了极大的污染。特别是在一些风景名胜、自然保护区，往往只注意了近期的、局部的经济利益，大兴矿业。结果，使一些千万年来形成的特殊地质资源、地貌景观等毁于一旦，不仅造成或扩大了村镇环境污染，而且严重浪费了宝贵的自然资源。

## 二、村镇环境问题的主要原因

### （一）规划、布局不合理

搞村镇建设，少数地区还没有制定近期和长远总体规划。有规划的或是不够合理，或是没有很好地执行。有的不全面，往往只有经济发展指标和基本建设指标，而没有环境建设指标，更谈不上与较大区域内规划的结合。因此，导致村镇建设布局混乱，工业企业选址不合理。有些工厂，企业建在村镇上风向，建在河流上游。有些地方集镇中的企业、商业，居住区等交错穿插，形成极为混乱的局面。

### （二）公用服务设施不足

这方面的问题，不要说是村庄，就是集镇也很不足，缺少给水排水设施，缺乏垃圾、粪便堆存或处理场所。这些都危及村镇的环境，与建设的发展不相适应。

### （三）交通运输问题

由于历史原因形成的许多集镇都沿公路建设，车流量大，烟尘和噪声污染的严重性越来越突出。集镇内部道路狭窄，多数没有停车场或回车的场地，难以容纳日益增加的客货运输车辆。有的地方无交通管理，过境车辆随便停靠路边，行驶也是互相影响，各种交通事故屡有发生。

### （四）不合理利用土地

村镇建设中，道路交通，集贸市场，工厂企业和其它建设用地，往往宽划宽用，征多用少，用好耕地不用劣地，早征晚用。至今仍有个别地方是不经批准，乱建滥占耕地。再加上工业"三废"和居民生活废弃物的排放，使一部分耕地严重受损。致使村镇耕地逐年受损、减少。

### （五）环境意识及法制观念淡薄

村镇仍有一些人环境意识不强，环境保护法制观念淡薄。这不能不说是产生上述诸种"现象"的原因。

## 三、村 镇 生 态 系 统

村镇生态系统与城市生态系统相比，既有差异，也有共同的地方。总的概括起来说，村镇生态系统具有以下几个特点：

### （一）人是村镇生态系统的主体

人是村庄和集镇生态系统的主体。这是村庄生态系统、集镇生态系统以及城市生态系统的共同之处。人口的高度密集、数量上的骤增是村镇生态系统的根本问题。随着改革开放的进程，村镇经济社会的飞速发展，使村镇生态系统的某些特点正朝着小城市生态系统的型式靠近。如大量农业人口集中在集镇经商，搞第三产业，外地来镇人口频繁，这些人口与集镇长住人口的增加，使集镇人口集中及增长的速率加快。正是由于人口的骤增，集镇人为活动变得既复杂又剧烈，不仅改变了自然环境，也破坏了村镇的自然生态系统，从而创造了一个新的村镇生态系统。这个系统是联系城市生态系统和乡村生态系统的纽带，它除了本身必须积累大量（由于工农业的生产发展和人口增加）的生产和生活资料外，还要积累相当数量的物资，充当向城市生态系统和乡镇生态系统提供物资的中转站和仓贮。也就是说，由于集镇工农业生产发展、人口增加，将有大量的生产资料（一般来自城市）和生活资料（一般来自乡村）输入村镇生态系统，同时也有相当量的乡镇企业、副业、农业产品送往城市，大量的农村生产及生活资料输入乡村生态系统，而绝大部分物质将消费在集镇生态系统。如此大量的物质流动和消费，与之相应的交通流、信息流，各种工业，企业生产和居民生活废弃物排放量的与日骤增等等，使少数经济发达地区已经超出村镇生态系统的自净能力，在许多地方已经造成了极为严重的污染。

### （二）村镇生态系统中生产者数量在逐渐减少

在自然生态系统中，能量是通过生物与生物之间的食物联系，即食物链关系从一个营养级到下一个营养级不断地逐级地向前流动的。因此，生态系统中的能量流动，顺着营养级逐级上升，其能量越来越少，能源越来越细，这就导致了前一个营养级的能量只能满足后一个营养级极少数生物的需要。营养级越高，生物的数量必然越来 越 少 才 行。也就是说，被食者的生物量，必须比捕食者的生物量大得多。例如，要有1000kg浮标植 物才能维持100kg浮游动物的生存发育，而100kg浮游动物只够10kg鱼的食物，这10kg鱼只能使一位18岁的青年增加1kg的体重。这就是说，在自然生态系统中，能量流动结构由于大量的消耗是逐级减少的。即所谓"金字塔"。虽然人是不能只吃鱼来维持生命的。还必须食用其它动、植物。但是仅从人吃鱼这个道理来看，在村镇生态系统中，消费者——村镇居民（包括常住和短期居住），必须要有大量的动植物储备，或者说，村镇生态系统中营养结构必须满足生态"金字塔"模式。然而，随着大气、水体及土壤的污染，加上建设用地量大，有的还乱批乱占耕地，使可耕地面大幅度减少，水土流失，土壤沙化，森林及其它资源严重损失，绿色植物减少，粮油总产量减少，使得村镇生态系统中人类能量已逐步发展大于动、植物（从能量角度看）的现存量。换句话就是面临着可能出现的生产者将小于消费者。即有可能形成与自然生态系统营养层次相反的所谓倒"金字塔"。

（三）村镇生态系统改变着自然生态系统的调节功能

物质循环、能量流动及对环境的自净能力等是自然生态系统的基本功能。村镇建设既改变了它，又利用它建立良好的村镇生态系统。

尽管村镇在自然界所占空间极小，一般又处于较好的自然环境之中，并且具有较强的自我调节能力。但由于近年来出现的前所未有的发展和建设，使村镇的物质及能量储备与消耗大幅度地增加。人口、交通、信息流逐渐集中。建（构）筑物、道路桥涵、给水排水及电力电讯等基础设施的建设。城市下放的大中型企业，乡镇企业，农牧业的迅速增加和发展等，形成了大量的村镇污染源，产生了许多的污染物质。从而改变了原来的生态系统，改变了地区性的物质流动方向及数量，如不引起重视和控制，将会使物质循环与能量流动失掉平衡，生态系统的自净功能失调。也就是说，村镇生态会改变自然生态系统的基本功能。

（四）村镇生态系统中人类活动的影响

关于人类活动影响着人类自身，有一个"正加在我们头上的无情的公式是：人口加生产等于污染"。村镇人口的大幅度增长，为满足人口增长而需要的物质生产，如工业、副业、农业、建筑施工业等大量的发展。在这种增长和发展的同时，自然生态系统以人类对它的影响"回敬"着人类自身。据某段时间的抽样调查，我国部分城市中居民肺癌平均死亡率为19.89/10万～21.03/10万，而农村中肺癌死亡率平均为11.50/10万～12.49/10万，城乡相比，其比例约为2:1。这说明城市肺癌死亡率大大高于农村。这个道理很简单，农村环境优于城市，生态系统基本功能调节能力比城市强，物质结构合理，循环畅通。但是也必须看到，随着建设的发展，从环境对人类自身影响的角度看，集镇尤其是发展快的集镇，生态系统正在由介于城市和农村生态系统之间的位置向城市生态系统模式接近，如不加以治理和保护，村镇人民将遭受到村镇环境对他们健康的危害。

综上所述，由于村镇人口的大量集中，人为破坏活动频繁，如开山造田，乱砍滥伐，对矿藏资源的掠夺性的开采等，使绿色植物比例失调，野生动物减少、部分珍奇动物和植物趋于绝迹，微生物活动受到抑制，人为活动大量消耗能源和资源，致使污染物质和人工物质集中，造成了环境污染，降低了生态系统的调节功能，使村镇生态环境质量下降。由于人们对村镇环境和生态系统的特点缺乏足够的了解和认识，往往只局限于眼前的利益，或者只看到乡镇企业能带来经济效益的一面，而忽视乡镇企业产生的环境问题，对人类生存的严重影响的另一面。有些地方因此而对企业在规划建设与污染治理"三同时"（即建设项目与环境保护设施同时设计，同时施工，同时投产）的问题上管理不力，村镇建设与环境建设脱节等，都是造成村镇生态环境破坏和污染的根源。只有了解村镇环境和村镇生态系统的特点，从最基本的环节着手解决生态环境问题，努力把村镇建设成为经济繁荣、环境优美、文明富强的社会主义现代化的新型村镇。

### 四、环境污染与环境保护的任务

#### （一）环境污染

环境污染，是指人类在其生产与生活活动中，排放的各种污染物质，在量上它们与环境的自净能力不相适应，使环境污染物质含量超过了一定的允许极限，引起了当地的环境质量下降，而且对人类及其它生物的正常生存及发展产生了危害的现象。关于环境污染，更具体地讲，它包括：由于人类的生产及生活活动，产生的大量工业"三废"及生活废弃物等对大气、水体和土壤的污染，超越了环境的自净能力，破坏了环境的基本功能，并达到了致害的程度；生物界的生态系统遭到不适当的扰乱和破坏；一切无法再生或取代的资源被滥采滥用；以及由于固体废弃物、噪声、振动、电磁辐射、地面沉降、自然景观的破坏等造成的对环境的危害等等，都称环境污染。

人类为了在自然环境中生存，就要通过自己的劳动，去开发利用自然资源，改造环境、创造财富，发展经济和创造物质文明，以适应自己生存和发展的需要。然而，一方面由于人类对环境机能的认识和了解不足；二方面由于工农业生产技术水平的限制，人类在改造自然、改造环境、发展经济的同时，往往又不同程度地破坏了环境，从而环境又给人类带来了某些不利的影响。或者说"是大自然对于人类的报复和惩罚"。恩格斯在总结这一教训时，曾严正警告后人们说："我们不要过分陶醉于我们对自然界的胜利，对于每一次这样的胜利，自然界都报复了我们。"然而由于种种原因，人们常常还是我行我素，重演历史旧剧，并没有去按照自然规律办事。结果，总是一次接一次地遭受了自然界无情的惩罚。例如，在遥远的过去，由于我们的祖先那时砍伐了茂密的森林，结果滚滚的黄河以每年从西北黄土高原冲刷下来数以亿万立方米的泥沙报复着人类；又如，在本世纪初，由于大量砍伐了长江上游的林木，结果到了80年代，竟在名扬中外的"天府之国"——四川省境内，连续发生了特大洪水。这也是一次用严重的灾害"报复"人类的例子。再如，广播电视是宣传教育的重要工具，然而人们在接受宣传教育和娱乐享受的同时，也得到了来自电磁波辐射的报复。前些年，我国某大城市一所中学里，师生们时常感到头痛、头昏、睡不着觉，做恶梦，疲乏无力以及记忆力减退。但生病的师生离开学校休息一段时间病情就好转，经过技术人员调查研究发现，这所中学建在广播电台发射塔附近，师生是受到发射塔强烈的电磁波辐射而受伤害的缘故，为此，政府下令搬迁了这所中学。山东省沿海有个王垒鸟海湾，1967年，这里每年捕涝海蜇皮650t，泥蚶4000t，各种蛤4500多t，仅此三项每年可收入726万元。后来在这里建了一座年产3000t纸的造纸厂，每年需要向海湾排放80多万t的废水，据当地测算，造纸厂15a的利润只相当于以往一年海产品的收入。但因此而将昔日的"金银湾"变成了"黑臭湾"。以上这些例子都说明了一个道理，人类在向大自然索取的同时，大自然也必将对人类施以报复，即所谓环境污染以及对人类所产生的危害。

村镇环境污染的产生与发展，经过了一个由量变到质变的过程。在人工环境因素（建筑物、构筑物、道路等设施）占主导地位、工业集中、人口密度大的城市，各种污染源集中，污染物排放量大，使环境容量很快饱和，环境的自净功能下降，环境污染的质变过程发生得早、变化得快。而村镇则有所不同，由于工业密度小，相对而言环境容量就大，环境的自净功能较强，有些村镇暂时还没有形成明显的污染。但是那些处于大中城市郊区附近的村镇；处于国家及地方大中企业附近的村镇；那些乡镇企业发展快和比重大的村镇；加上前些年国家和地方某些"三废"排放量较大的企业向村镇下放倾斜等等。应当看到，由于以上种种情况，一些村镇的环境已出现了严重的问题，相当多的村镇已潜伏着危险。

对村镇环境的破坏和污染的发展，也存在着一个认识的过程。村镇的环境问题，国家和有关部门早已十分重视，许多有关城乡建设、村镇建设的法规条例都对此作了规定。但由于各地的具体条件和发展水平的差异，在对待问题的认识乃至管理的作法上都有很大的差异，有的乡镇设立了村镇环境管理所（站）或村镇环境保护员。对本辖区内的环境问题实行全面的管理，并协同村镇建设管理机构强化乡镇企业的建设与治理"三废"实行"三同时"的管理及监督工作。许多地方已取得了良好的经济效益、环境效益和社会效益。如前所述山东省王垒鸟海湾的"黑臭湾"，在上级政府的支持下，当地环保组织协同有关部门，下令停办这家造纸厂，经过一段时间的治理，使过去的"黑臭湾"又恢复了林青水秀，养殖业、捕捞业、农业等各业兴旺发展，经济建设和环境保护双丰收的"金银湾"。然而，也有少数村镇本来已遭到了严重的污染，有的还非常严重，但由于认识不够，或即使有了认识但管理不善，对环境问题的防护和治理成效不明显。还有的地方只消极地得到一定的污染赔偿费，不是用于防治污染，而是拿去盖房子。由于基础设施不配套，结果是"盖了房子，乱了村子"，漂亮的房子下面是污泥浊水，环境污染的问题不但没有得到根本的治理，反而还加深了环境的污染。还有一些地方长期以来孤立地把"化学化、水利化、电气化、机械化"看作是农业现代化的唯一标志或目的，往往由于片面地理解而产生片面的做法。如超量或不科学地使用化肥和农药，使土壤环境遭到严重污染，进而通过雨水的冲刷污染水体环境，毒死鸭、水鸟、鱼类的事件屡见不鲜；由于大量地使用农用机械，由此产生的噪声、排放的废气等有害物质对大气造成污染；农村电气化和水利化如若规划使用不合理，也可能造成环境污染。综上所述，说明农业现代化在产生经济效益的同时，也会造成生态环境破坏，因而也收不到理想的经济实效。

### （二）自然环境和资源被破坏的后果

环境的污染和破坏，有属于自然原因（也称一类环境问题）引起的，也有属于人为原因（也称二类环境问题）引起的。自然原因引起的污染和破坏有：火山爆发、山洪倾泻、剧烈地震、飓风和海啸的冲击等。人为原因造成的污染和破坏，如人类的生产及生活活动造成的对环境的污染和破坏，以及由此产生的对人类及农、林、牧、副、渔等的危害和自然生态系统平衡的干扰和破坏。但是村镇环境的污染和破坏，主要是指由于人类的生产和生活活动，即所谓人为原因造成的污染和破坏。它主要包括：不合理地开发和利用，使自然环境遭到破坏；以及其他人为原因导致的环境破坏等。就目前村镇环境问题来看，主要表现在对自然环境和自然资源的破坏，而且着重是对土地资源和动、植物资源的破坏。

自然环境是人类生活环境周围各种自然因素的总称。而常把其中可供人类生产及生活必需的各种自然形成的物质视为自然资源。随着人类对自然界认识和利用能力的提高，以及自然界本身的变化。有些过去认为的环境因素现在也成为可供人类直接利用的自然资源。因此，环境因素与资源之间是既有较大区别，又有密切联系的。而且自然资源本身就包含在自然环境之中，对自然环境的破坏实质上就是对自然资源的破坏。

1.土地资源的破坏及影响。对土地资源的破坏主要表现在土壤的侵蚀、土壤沙化、土地次生盐渍化，土壤肥力衰竭及土地的污染等。

（1）土壤侵蚀。土壤侵蚀一般指在风和水的作用下，土壤被剥蚀，迁移或沉积的过程。在自然状态下，由自然因素引起的地表侵蚀过程非常缓慢，常与自然土壤形成处于相对平衡状态，这种侵蚀现象称为自然侵蚀。在人类活动的影响下，加速和扩大了自然因素作用所引起的地表土壤破坏和土体物质的移动、流失，这就是通常所谓的土壤侵蚀。

土壤侵蚀的影响主要反映在水土流失严重。土壤肥力下降，危害农业生产。土壤侵蚀，还使大量泥沙流入河川，造成水库淤积，河道阻塞。历史上曾被称为中华民族摇篮的黄河中游地区，就是因为那里曾经有非常茂密的森林等优越的自然条件。但后来由于大量的林木被乱砍滥伐，使昔日繁荣昌盛的黄金之地逐渐成为我国水旱灾害和水土流失最严重的地区。据有关方面测算，目前黄河每年的输沙量高达15亿t左右，最高年记录是26.5亿t，居世界之首。我国长江流域、南方丘陵地区的水土流失现象也非常严重，尤其是南方丘陵地区，山多土薄，一经冲刷，后果不堪设想。目前全国水土流失面积也达150万km²，每年流失的土壤可达50亿t以上，被水冲刷流失的氮、磷、钾高达4000万t。仅黄河、长江的大水系冲走的泥沙，就可使沿海400km长，160km宽的海水变成一片浊黄。

（2）土地砂化。处在沙漠边缘的干旱与半干旱草原地区，气候干燥，多风，雨量稀少（400mm以下），蒸发量大（200mm以上），草皮一旦破坏，土壤就会受到严重风蚀，造成土地沙漠化。干旱、半干旱草原地区的沙漠化或者因滥垦草原引起，或者是过度放牧和草原管理不善而引起的。在北方地区的风沙线上，平均每年沙化面积达133多万ha，沙漠已吞噬了大片的农田和牧场。例如，面积为730多万ha的呼伦贝尔大草原，现在已经有三分之一的面积发生了退化，严重退化的面积已达80万ha。

（3）土地的次生盐渍化。在土壤学中，一般把表层含有0.6～2%以上的易溶盐的土壤叫盐土，把交换性钠占交换性阳离子总量20%以上的土壤叫碱土。盐土和碱土统称盐碱土或盐渍土。由于人类不合理的农作措施而发生的盐渍化，称次生盐渍化，由次生盐渍化形成的盐土叫次生盐土。盐渍土主要分布在内陆干旱、半干旱或滨海地区。形成盐渍化的自然因素主要有气候、水文地质等，在干旱、半干旱地区，正确的灌溉可以起到改良盐土的作用。不正确的灌溉，如超量灌溉，灌溉水质差等，也可导致潜水位提高，引起土壤盐渍化。目前全国灌溉面积已占总耕地面积的45～50%，达到了增产增收的目的，但由于不合理的灌溉，不少地区已造成了大面积的次生盐渍化。

（4）土壤污染。土壤与大气、水体、生物和岩石等自然因素，都是互相联系，互相制约、互相转化和相互作用的。这种联系是通过物质、能量、信息的交换过程来体现的。物质和能量由环境向土壤系统输入，通过土壤系统内的转化，必然引起土壤系统的成分、结构、功能和状态的变化。反之，物质和能量由土壤向环境系统输出，也必然导致环境系统成分、结构、功能和状态的变化。人类通过生产活动从自然界取得资源和能源，通过开采、加工、调配和消费，再以"三废"形式直接地或间接地通过大气，水体、生物等向土壤系统排放。当进入土壤系统的"三废"物质破坏了土壤系统原来的平衡，引起土壤系统成分、结构和功能的变化时，就发生土壤污染。土壤系统的污染物质向环境输出，会产生二次污染，使大气、水体和生物进一步受到污染。

土壤污染产生的根源，首先是由于人类为提高农产品的数量和质量，过量施用化肥、农药和引水灌溉，这样污染物质就随之进入土壤，并积累起来；其次土壤历来被作为各种废弃物的堆积和处理场，使大量有机和无机污染物质随之进入土壤；第三是由于大气或水体中的污染物质的迁移转化而进入土壤。

土壤中的很多污染物质与大气、水体中的物质是相同的，一般有：有机物质，其中数量较大，比较严重的是化学农药，含氮素和磷素等物质的化学肥料；重金属；放射性元素；有害生物等。

我国土地资源的基本特点是：土地辽阔，土地类型多；山地多、平地少；农业用地总面积占土地总面积的比例小；土地资源分布不合理，土地生产力的地区差异明显。而其中农业用地人均量小，特别是耕地林地少，是我国土地资源构成的一个显著特点。世界人均耕地0.37ha，我国人均耕地仅0.10～0.13ha。所以说珍惜每一寸土地是我们的基本国策。特别是在当前农村经济日益发展，村镇建设蓬勃发展的新形势下，严格控制耕地面积已是当务之急。

2.生物资源的破坏及危害

（1）野生动、植物资源的破坏。野生动、植物是直接或者间接为人类利用的宝贵资源。我国幅员辽阔，地形复杂，气候多样，有着丰富的野生动、植物资源。仅高等植物就有3万多种，木本植物有7000多种，世界被子植物组成的木本属有95%存在于我国。我国的陆栖脊椎动物有1800多种，约占世界陆栖动物的10%。此外，还有许多世界特有的珍贵动植物，例如大熊猫、金丝猴、扬子鳄、白鳍豚、银杏、水杉和金花茶等。

野生生物资源作为一种可更新资源，在一定的自然历史时期及一定的环境下，可以恢复或再生，使生物量保持在一定的水平，这样就可以为人类源源不断地提供自然资源。许多野生动植物具有重要的经济价值，如一些野生植物就是重要的轻工业原料和中草药。野生生物资源有重要的科研价值，也是生态系统中不可缺少的重要组成部分，它作为生物基因库的作用更是其它物质所无法替代的。对野生生物资源的破坏，不仅会使国家在经济上受到损失，也会影响生态系统内部生物之间、生物与环境之间的平衡关系。

据有关资料，近2000年以来，大约有110种兽类和130种鸟类从地球上消失掉。目前全世界估计有约25000种植物和1000多种脊椎动物处于灭绝的危险之中。我国动、植物资源的破坏也十分严重。目前每年收购的野生动物皮张不足60年代的一半，许多贵重药材的药源，也由于无计划的采掘而枯竭。

（2）草原的破坏。草原是一种草本植被类型。我国北方草原资源约有2.87亿ha，其中可利用面积为2.2亿ha。大多数为温带或暖湿带草原，主要分布在东北、内蒙古、甘肃、宁夏、新疆、西藏等地区。除此外，还有一些零星的热带草原，主要分布在广东和云南省。

草原是畜牧业的重要生产基地。通过牧草喂养牲畜，发展畜牧业，把草转化成肉、奶、毛皮等畜产品，是最经济有效的办法。在我国辽阔的草原上，生长着数千种野生植物，其中优良牧草就有好几百种，饲养着约2.5亿万头牲畜，每年向国家提供数亿公斤商品肉、大量皮张和毛绒。草原还能调节气候和防治土地风蚀。此外，它还是许多野生动物的栖息场所，如野兔、黄羊、牦牛、红狐等。

由于过去盲目地毁草开荒、过度放牧等不合理利用，以及鼠害、虫害等自然灾害，使草原面积大大减少，部分草原已严重退化、沙化、碱化。解放以来，我国草场退化面积已达0.47亿ha，约占总草原面积的四分之一，且优良牧草大幅度减少，干草产量约下降四分之三。草原有益动物因栖息环境受到破坏也大量减少，致使鼠害、虫害日益严重。草场不合理的利用主要表现在：不合理的开垦、过度放牧、乱砍滥伐、乱挖草原植被等。建国以来，我国在各大牧区曾先后进行过不同的农垦，其教训是极其深刻的。如鄂尔多斯草原开垦面积达66.7万ha，造成约120万ha草原沙漠化。

（3）森林的破坏。森林是由乔木和灌木组成的绿色植物群体。是整个绿地生态系统的重要组成部分。是自然生态系统物质循环和能量流动的重要枢纽。草原可以促进大气水、地表水、地下水的正常循环，保持水土、防风固沙等。此外，森林中还拥有大量的生物资源，是地球上蕴存最丰富的生物群落。

我国是一个缺乏森林的国家，其森林覆盖率仅为11.5%，并且分布极不均匀，在全世界160个国家及地区中，人均占有森林面积只居第120位。由于森林等绿色植被的减少，有许多地区的自然环境日趋恶化，直接危害农牧业生产和人民群众的生活。著名的小兴安岭伊春林区，建国以来由于大量砍伐，森林面积已减少14万ha，蓄水量减少1.6亿m³，林线仍在北移。如果仍保持现在的采伐速度，少则15a，多则20a后其林线将要移到黑龙江边了。更重要的是，大小兴安岭是黑龙江肥沃黑土平原的天然屏障。目前，这里与处在同一纬度的原苏联一侧相比，平均年降雨量少100mm，而无霜期约长半个月。现在由于这个天然屏障的效能被减弱，黑龙江省的年降雨量已由过去的平均600mm降低为400mm。贵州省毕节地区，由于森林植被的破坏，森林覆盖率由1957年的15%以上锐减到1979年的5.7%，使昔日"天无三日晴"的贵州，在如此短的时间里已变成了三年两旱的地区。

### （三）村镇环境保护的任务

根据《中华人民共和国环境保护法》第一条，我国村镇环境保护总的任务是："为保护和改善生活环境与生态环境，防治污染和其它公害，保障人体健康，促进社会主义现代化建设的发展。"为了完成村镇环境保护的这一总任务，必须做好下面几个方面的工作。

1. 村镇建设规划与环境保护规划必须同时完成。目前仍有少数地区村镇建设无规划，有的虽然已有规划，但或是不够科学合理，或是只有经济建设指标而没有环境规划指标，或虽有好的规划，但根本不按照规划进行建设。因此产生了较为严重的环境问题。在村镇规划、建设、管理中，应始终把建设项目的"经济效益、环境效益和社会效益"统一起来。应把农业的四个现代化与环境保护目标结合起来。一定要在抓村镇建设、抓经济建设、抓农业发展的过程中，注意防止忽视环境的片面性的观点和作法，防止造成环境污染和生态平衡失调。反之，其结果可能是，主观上想抓经济建设，而客观上又得不到实效。

2. 确定村镇发展的方向、性质和规模。合理地确定村镇发展方向、性质和规模，这不仅是村镇建设的需要，而且也是村镇环境保护的需要。这个问题关系到三个方面。一是乡镇经济的发展速度和战线。战线窄了，速度慢了，村镇建设没有经济基础，拖了村镇建设的"后腿"；战线宽了，摊子铺得很大，速度太高，超出了自身的承受能力，必然是超限度地采掘和消耗自然资源、消耗能源。例如，欲发展矿山和冶炼业，则必然大量开采矿产资源，兴办冶炼企业，而且大都是土法上马，设备技术差，拼能源，拼消耗；欲发展木器加工业，则必将超出限度地砍伐林木；欲发展农业，则往往将采取劈山填河造田等，以提高粮食产量。二是经济发展的方向、性质。这实际上是指正确确定产品性质，除了产品在本地区生产的条件和可能性外，还有重要的一点就是，生产过程中的环境效益如何。前面曾谈到的山东省王垒鸟海湾由"黄金湾"变成"黑臭湾"的事实，就是很能说明问题的。如果将经济效益和企业"三废"对村镇环境带来的污染二者相比较，经济效益并不大，而造成的环境污染问题又较明显的话，那就应该重新调整产品方向、产业结构，或者取消某些经济效益不明显但污染问题突出的企业。三是村镇发展规模必须与本地区经济基础、自然环境及资源、农业生产及产量等协调一致。不应脱离本地区的客观情况，去盲目地模仿城镇的建设模式，不切实际地追求大而全的建设思想。要根据本地区的地理位置、交通、人口、自然资源的情况，邀请有关专家调查研究，合理确定发展方向，确定村镇的性质和规模。

3.节约每一寸土地，坚决杜绝乱占耕地。搞村镇建设，必须坚持节约每一寸土地的基本原则。珍惜土地，坚决杜绝乱批乱建和不批滥占耕地的现象。村镇建设规划一经批准，即具有法定效应，一切企事业单位建设项目的选址、设计、施工和生产（或使用），都必须按规划进行。对于各级在村镇辖区内的企业、乡镇企业、个体作坊等生产性建设项目，要协同有关部门加强管理，对防止其对环境的污染和破坏等必须有明确的规定和管理措施。企业在进行新建、改建和扩建时，必须提出对环境影响的报告书，经环境部门和其它有关部门审查批准后，方可进行设计。其中防止污染和其他公害的设施，必须与主体工程同时设计、同时施工、同时投产。各种有害物质的排放，必须按照国家的有关规定进行。

4.合理地规划和组织好村镇道路交通。在村镇总体规划时，应该作出包括村镇道路、交通运输的规划，以及给水排水、电力电讯等管线工程规划。使之在村镇内部尽量地缩短和减少物质、能量及通讯的流程。

5.改善医疗卫生条件，提高抗御各种自然灾害的能力。村镇要创造良好的完善的医疗卫生和预防条件，以预防各种疾病，尤其是一些地区所独有的地方病。还要发现由于环境污染而产生的新的病态和其它疾病，使之有助于村镇居民身体健康和人体正常发育。此外，还要创造条件逐渐地规划并建设好村镇的各项防灾工程，用以抗御地震、洪水、狂风暴雨、海啸等自然灾害对村镇设施及人民群众的危害。

6.合理开发利用自然资源。村镇建设必须十分注意并合理地开发利用自然资源。要采取一系列有效措施，防止乱建房屋和滥占耕地、乱砍滥伐森林、劈山、填河造田或用于建设、防止土法上马采掘矿产、土法冶炼等等。尽量避免自然环境和自然资源遭受破坏。

7.植树造林，绿化环境。森林在生态系统的能量流动和物质循环上，在维护自然生态系统的平衡、促进农牧业的发展和保护人类生存环境等方面，具有无可估量的作用。绿化造林还可以美化村镇，装饰环境。要着重注意保护那些珍贵树、花、果、草类品种，防止珍贵花木品种的损失。还要采取措施制止乱捕食鸟类、兽类等行为，创造良好的条件让鸟、兽类生存，特别是那些名贵的鸟类和兽类的生存繁衍。

8.保护历史文化遗产。我国是一个文明古国，历史文化遗产丰富多彩，遍布神州大地。许多历史文化遗产就处于广大村镇。妥善地保护和充分地利用好村镇在历史上遗留下来的文物古迹、自然风景、古建筑艺术或建筑群体、自然景观等。也是保护村镇自然环境与古文化遗产的重要任务。


## 第四节　村镇环境保护工作方针


我国是一个农业大国，全国人口约90％以上生活在广大村镇。村镇的环境状况如何，将直接影响到这个约占世界人口五分之一的人类的健康。因此，搞好村镇环境保护工作不仅对于我国，而且对于全球来讲，无疑是一项伟大而艰巨的任务。国家及有关部门对村镇的环境保护工作十分重视，不仅成立了各级环境保护机构，而且先后发布了环境保护的法规、条例及一系列的环境标准和各项技术政策，确立了环境保护的目的、任务和要求。环境保护工作的方针是：全面规划、合理布局，综合利用，化害为利，依靠群众，大家动手，保护环境，造福人民。我国城乡环境保护工作的实践证明了这个工作方针的科学性和正确性，是符合我国国情的。只有认真执行环境保护工作方针，才能有效地保护和改善环境，创造出一个有利于工副业、农业生产和居民生活活动的良好环境，一个既能保证村镇经济建设的健康发展，又能防止环境污染的健康、舒适、优美的村镇环境。我国环境保护工作的目标是：力争全国环境污染基本得到解决，自然生态基本恢复良性循环，城乡生产、生活环境清洁、优美、安静，全国环境状况基本上能够同国民经济的发展和人民物质文化生活的提高相适应。

## 一、全面规划，合理布局

根据村镇建设和环境保护工作的实际情况，可以得出这样的结论，村镇环境问题的出现，大都与其自身建设规划的合理性以及各种功能分区布局的科学性有关。在村镇建设中，把建设规划与环境规划一起抓，对村镇的各项建设做到"全面规划，合理布局"是十分重要的。全面规划，这里面有两层意思，一是村镇区域内部的全面规划，这是造成村镇环境污染的主要途径和直接途径。如果乡镇工业区、生活区等没有全面的考虑，或者只顾经济效益而不考虑环境因素，或者只见眼前利益而不考虑长远利益，建设规划就肯定做不到科学合理。其结果是由于生产、生活、交通、运输等互相渗透，互相影响，破坏了生态平衡，造成了村镇环境的污染；二是本村镇与周围其他村镇之间的合理布局，甚至与村镇附近大中城市（或国家大中型企业）间也存在着一个全面规划的问题，即所谓局部与全局的问题。因为村镇本身就不应该是一个孤立的客体，对于周围其他村镇或大中城市来讲，它是一个开放型的生态系统，它要受到周围其他生态系统的影响和制约。例如有的村镇近期本身不会也不可能会造成明显的污染，但是由于周围其他村镇的乡镇企业的影响，还有远在十几公里甚至几十公里以外的大中城市和附近国家大中型企业排放的废气、废水、废渣及居民生活废弃物的影响，常通过流动的水体（河流、湖泊）、气体等传送媒介，对村镇环境（间接地）造成污染和破坏。因此，如果没有一个全面的、系统的规划思想，使相邻村镇之间、城市或城市工业与附近村镇之间，互不联系，各行其事，就会将本来较小的污染范围扩大，使许多本没有严重污染源或污染本不明显的村镇遭到污染和破坏。这方面的例子屡见不鲜。如沈阳市某冶炼厂，在内部治理污染取得成效的1980年以前，这里曾经竖立着高低大小共37根烟囱，37条"烟龙"排出的二氧化硫占沈阳市排硫总量的40％，每天排出的污水达一万多吨。在这里不仅厂区寸草不生，就连远离厂区数十里外的农田也深受其害。

国家关于控制发展大城市，加快加强小城镇建设发展的指导方针，也是贯彻落实"全面规划，合理布局"的具体体现。建设的合理布局，尤其是乡镇工业及其他企业的合理布局，要实行大分散、小集中，多搞小城镇建设的方针。就大范围（全国、一个省或地区）来讲，工业企业布局要分散，尽可能使工业在较大范围内均匀合理地分布，同时又要保持适当的集中，以便于经济技术方面的协作，原（燃）材料和产品之间的交流和运输。严格控制城市发展规模，控制城市人口，着重发展小城镇，加强村镇建设，还因为村镇规模小，人口少，乡镇工业和居民生活污染物排放量少，再加上村镇周围有广阔的田野、大量的绿色植物、山林、水域，即使有少量的有害有毒物质，一般也不会超出村镇环境的容量，往往在近期不会造成明显的污染，即使造成了污染但并不严重，治理起来一般也比较容易。

村镇区域内的规划工作，要着重加强规划、建设的管理工作，特别是要安排好地方和国家在本辖区内的企业、乡镇企业的建设用地选址。安排好村镇居民的居住生活区、学校、旅馆、卫生院、乡镇机关的建设用地选址。不仅要满足近期建设的需要，而且还要考虑到未来工业生产的发展和居民居住生活条件的改善的需要，而且都要利于环境质量的提高。除了与居民区的关系以外，工业企业的布局也不能只考虑本身原材料、动力、水源、交通运输等条件的经济效益和本身的其他利益。在分析问题，确定布局的时候，必须充分考虑到企业选址、布局与经济效益、环境效益、社会效益之间的关系。

村镇往往靠近自然环境，一般情况下，自然资源条件较好，许多乡镇经济发展较快的地区尤其是这样。对自然资源的开发利用，要加强计划管理，要有科学合理的规划，对近期建设要有计划性，对未来发展要有预见性。除此之外，在村镇全面规划时，还要注意保留地方特色，对名胜古迹、优秀的历史文化遗产、风景旅游胜地、休养、疗养场地不仅不能改作它用，不能人为破坏，而且还要加强保护和维修，使村镇建设尽可能地反映历史本来面貌。

## 二、综合利用，化害为利

综合利用，化害为利。这是国民经济发展的一项重要的经济政策，也是村镇建设、经济建设与环境建设同步进行的主要技术措施。这个方针就是从经济与环境互相促进互相制约的角度出发，把对人类和其他生物有害的物质如工业"三废"等变成有用的物质，从而达到消除对村镇环境污染的危害。这就要求每个工业企业，要创造条件，采取必要的措施，把本企业排放出来的有害物质加以利用，并通过其他生产工艺，生产出其他新的产品，为了达到综合利用，还可以打破行业界限，实行一业为主，多业经营。在村庄，应提倡把农业生产和村民生活中排放的各种废弃物或垃圾，尽可能地进行分类收集，分类处理和利用。如农业生产的废弃物可以通过发酵生产沼气或沤制粪肥，庄稼的秸秆可生产沼气，也可大搞秸秆还田，这样做的结果，既避免了由于秸秆随意堆积霉烂，造成环境污染，又改良了土壤结构，增加了土壤养分，保持土壤的水分。总之，通过综合利用，可将相当多的生产及生活废弃物改造成工农业及人类生活有用的产品。另外，大力提倡和建设"生态村"、"生态专业户"、"生态场"等生态农副业，这也是广大村镇实行综合利用，化害为利的重要措施。如此看来，在村镇建设中，实行"综合利用，化害为利"的环境保护方针，前景大有可为。对危害人民健康的有害物质实行综合利用，不仅可以消除或大大减轻对环境的污染，而且还促进了工农业生产的发展，取得了较为明显的经济效益、环境效益和社会效益。

## 三、依靠群众，大家动手保护环境

村镇环境保护工作起步较晚，基础差。过去由于村镇自由建设，开山、填河、砍树造田，农业学大寨、备战备荒等人为活动对自然环境和自然资源的破坏遗留下来的问题很多，加之人们对环境问题的认识上的差异等等，使得村镇环境问题越来越显得突出，少数地区已经十分严重了。对于这样一项涉及面极广、技术性非常强的工作，如果仅仅依靠某一个部门或几名村镇环境保护员去做是不行的。它必须依靠各个部门，各条战线，各个行业，千家万户的协作，必须号召和动员广大人民群众齐心合力，一起动手才能做好，也才有可能收到应有的效果。为此，必须利用各种有效的形式，广泛深入地大力宣传《中华人民共和国环境保护法》，宣传国家或有关部门制定的有关水域、土地、森林及矿产资源方面的法规条例，宣传贯彻党和国家有关环境保护的方针政策，公布本地区面临的环境问题及所引起或潜在着的危害，加强对环境保护重要性的认识。要使广大人民群众知法、依法、执法，使环境保护变成广大群众的自觉要求和行动。在此基础上，充分调动各方面的积极因素，并实行领导干部、专业技术人员、乡镇工业负责人、村民代表相结合的方法，进一步明确任务和目的，在摆环境问题的现实，查潜在的环境危险，找环境工作薄弱环节的基础上，制订本村镇的环境保护目标，制订防治措施。实行群众监督，动员各方面的力量，大家一起动手，齐抓共管，解决环境问题。

## 四、保护环境，造福人民

所有环境污染物质，都可能直接地或者间接地通过食物链关系传送给人体，影响人类的生存和发展。保护环境，造福人类，这是我国环境保护工作方针的核心，是我国环境保护工作的目的与归宿。为人民服务，一切为了人民的健康，是我们党和国家对待一切问题的一贯宗旨。在村镇建设和发展中，始终要注意到，村镇建设规划与环境规划同时进行，克服只管建设不管环境，只看乡镇企业的经济效益，不顾环境效益的错误观点。在建设过程中，或在制订措施时，要加强对所有能产生环境污染，特别是工业"三废"的建设项目的管理，不论级别，不论规模大小，都必须无条件地服从村镇建设规划，都必须按功能区分选址、定点，并且其中有关防治污染和其他公害的设施必须做到"三同时"，即同时设计、同时施工、同时投产。各类有害物质的排放必须遵守相应的国家标准。要坚持建设、经济、环境效益一起抓的建设方针。坚决执行《中华人民共和国环境保护法》，依法管理村镇环境，依法治理村镇环境，防治污染，保护人民身体健康。不在环境问题上做危害子孙后代的事情，为创造一个适宜于人们生产和生活的优美、清洁、健康的村镇环境而努力奋斗。

## 练 习 题

1. 何谓环境？何谓生物圈？
2. 目前所面临的主要环境问题有哪些方面？
3. 什么是生态系统？它具有哪些基本功能？
4. 村镇环境和村镇生态系统有哪些主要特点？
5. 我国环境保护的任务是什么？
6. 我国环境保护工作的基本方针是什么？这个基本方针的核心是什么？

# 第二章 影响村镇环境的基本因素

村镇建设、工农业生产、村镇居民生活等活动,都要排放出大量的各种有害物质,这些有害污染物质排入村镇环境之后,将对环境产生不同程度的污染和危害。其危害程度的大小除有害污染物质本身的性质、浓度、污染时间、污染途径等会影响它对生物机体和环境的作用程度外,村镇许多自然环境因素的变化也能不同程度地影响有害污染物质的性能及其污染和破坏的程度。如气象的、地理的、水体的、土壤及绿色植物等因素。有些自然环境因素可使污染物的浓度和影响程度相差几倍甚至几十倍,有时甚至能对环境起到决定性的作用。本章将介绍影响自然环境最主要的几种因素,使读者在村镇建设、环境保护中充分利用自然环境因素,防治环境污染,保护村镇环境。

## 第一节 影响大气污染的气象因素

从污染源排放出的有害污染物对大气的污染,除了污染物质本身的性质和浓度等因素外,最主要的是依靠大气的流动,驱使污染物质向下风向移动。在移动过程中又与周围空气混合稀释,从而使有害污染物质在空气中的浓度逐渐下降,但影响的范围却逐渐扩大。在自然条件下,风、雨、云、雾、大气稳定度以及特殊的逆温层等气象条件,都对大气的污染有一定的影响,其中风和温度层结是影响大气污染物质扩散和稀释的两个主要气象因素。

### 一、风 和 湍 流

一般把空气的水平运动称为风。排入大气的污染物质在风的作用下,随着大气的流动做水平移动。因此,风对污染物在大气中的第一个作用便是输送作用。要了解有害物质的流动方向、污染范围及发展状况如何。首先要识别风向,因为污染区总是处于污染源的下风方向。风的第二个作用就是,对有害污染物质具有冲淡和稀释的作用,随着空气水平移动速度的增大,单位时间内从污染源排放出来的污染物质被很快地拉长,很显然,风速越大,混入烟气中的清洁大气就越多,其污染物质的浓度也就越小。因此,在其它条件不变的情况下,如污染源单位时间排放量不变,污染物的浓度与风的速度成正比,即风速强加一倍,则下风方向有害污染物质的浓度就减少一半。

在实际生活中,大家可以感到风速时大时小,呈现一阵一阵的特性,并在风的主导方向的上下左右出现无规则的摆动,风的这种无规则的阵性和摆动,叫做大气湍流。所谓大气湍流,也可以说是空气流体不同尺度的无规则运动。通常情况下,大气运动具有非常明显的湍流特性。

空气湍流运动的结果,起到了使气体各部分得到充分的混合作用,使污染物质逐渐扩散稀释,通常把这种因湍流混合而使有害气体扩散稀释的过程称为大气扩散。这个现象可以用一团理想的烟团在空气中的移动加以说明。所谓理想烟团，就是假定在完全无滞流的情况下，烟团将保持其体积、形态和浓度不变地沿主导风向运动。不难看出，无湍流时，烟团不受扰动而保持体积和浓度不变地沿水平风向移动。而有湍流时，烟团受扰动，体积随着运动而逐渐增大，当然其浓度也逐渐地减小了，见图2-1。

无湍流时的理想烟团　　　有湍流时的烟团扩散

图 2-1　烟团在湍流情况下的扩散

因此，有害污染物质进入大气之后，在大气中的扩散和稀释情况，取决于大气的运动状态，即取决于大气的风和湍流。

风和湍流是影响有害污染物在大气中扩散稀释的最直接的因素。风速越大，湍流越强，扩散稀释的速度越快，污染物的浓度也越低。

近地层大气湍流的形成和它的强度取决于两方面的因素：一是由机械的或动力的作用引起的湍流，常称机械湍流。机械湍流的特性主要取决于风速的分布和地面的粗糙程度，当空气流过粗糙的地表面时，将随地面的起伏而抬升或下沉，于是产生垂直方向的湍流，风速越大其机械湍流越强；二是由热力因素引起的湍流，常称作热力湍流。热力湍流是由于大气在垂直方向上的温度变化所引起的，或者说是由大气的垂直稳定度引起的湍流。

## 二、风 象 特 征

从对环境污染的影响效果来看，风具有两个主要特征，即风的方向和运动速度。因此，风是一个向量，具有大小和方向，它对环境污染的影响效果应该由风向和风速两个量确定。

### （一）风向与风向频率

风向是风吹的方向或空气流运动的方向。风向不仅有通常所谓的东南西北之分，而且还有介于东南西北两相邻方向之间的任一风向。如东偏北风向，北偏西风向等。因此，通常用东南西北等16个方向表示风向。

每一个地区在某一段时间内，如一年或一季度内的风向和风速都是经常变化着的，但往往在一个地区某方向上的风出现的次数最多，某些方向上的风出现的次数较少，为了准确地反映一个地区16个方位上风的次数的多少，我们定义风向频率的概念。风向频率是某风向出现的次数与各方位风向出现的总数比值的百分数。

即

$$风向频率 = \frac{某风向出现的次数}{各方位风向出现的总次数} \times 100\%$$

【例 2-1】　某镇在冬季各方位上风向出现的总次数为100次，而西北风在该季节内重复出现的次数是19次。试确定该镇在冬季的西北风风向频率。

【解】　由风向频率公式可得到：

$$风向频率 = \frac{19}{100} \times 100\% = 19\%$$

即某镇西北风向频率为19%。

在实际应用中，我们把一地区在某段时间内的最大风向频率的风向称为主导风向，把次大频率的风向称为次导方向。

## （二）平均风速与污染系数

平均风速。它是指风速仪在两分钟或十分钟内记录的风速平均值。其单位是：m/s，风速小于1.0m/s的风称为"静风"。

污染系数。它表示某一地区可能产生污染的程度。污染系数用风向频率与平均风速的比值表示，即

$$污染系数 = \frac{风向频率}{平均风速}$$

由公式可看出，某地区的污染系数的大小与风向频率成正比，而与风速成反比。因此，污染系数是综合反映风向与风速的指标。

【例 2-2】 某镇在冬季的北风向频率为14%，平均风速为3.0m/s，试求其污染系数。

【解】 由污染系数公式得到

$$污染系数 = \frac{14}{3.0} = 4.7$$

即某镇在冬季的污染系数为4.7。

## （三）风向玫瑰图

风向玫瑰图是表示风象特征的一种形象而直观的方法。它是将某地的气象资料加以综合整理，并用图形表示出来，因其图案酷似一朵盛开的玫瑰而得名。风象玫瑰图种类较多，根据本课程的特点，本书所述风象玫瑰图主要是指：风向频率玫瑰图、风速玫瑰图和污染系数玫瑰图三种。

风象玫瑰图的绘制方法如下：

1.在坐标纸上画出16方位图，使相邻两方位之间的夹角为22.5°；

2.将风向频率、平均风速度及污染系数等风象统计资料列成表格；

3.将各风象统计数据按一定比例在坐标纸16方位图上定出点的位置；

4.用直线段分别连接相邻两点，就可得到风向、平均风速及污染系数玫瑰图。

【例 2-3】 已知某镇居民点记录的多年平均风象资料，见下表。试在同一张16方位图中画出风向频率、平均风速及污染系数玫瑰图。

| 方　位 | N | NNE | NE | ENE | E | ESE | SE | SSE | S | SSW | SW | WSW | W | WNW | NW | NNW |
|---|---|---|---|---|---|---|---|---|---|---|---|---|---|---|---|---|
| 风向频率（%） | 12 | 18 | 16 | 4.5 | 3.1 | 4.5 | 4.7 | 6.2 | 4.7 | 2.9 | 5.4 | 3.2 | 2.1 | 1.0 | 3.5 | 3.3 |
| 平均风速（m/s） | 3.2 | 3.5 | 3.2 | 2.2 | 1.9 | 2.3 | 2.7 | 3.6 | 3.6 | 4.0 | 3.7 | 2.7 | 2.7 | 2.3 | 2.6 | 3.0 |
| 污染系数 | 3.8 | 5.1 | 5.0 | 2.0 | 1.6 | 2.0 | 1.7 | 1.3 | 1.3 | 0.7 | 1.5 | 1.2 | 0.8 | 0.4 | 1.3 | 1.1 |

【解】 其风象玫瑰图见图2-2。

# 三、温　度　层　结

所谓温度层结，就是垂直方向的温度梯度。温度层结对大气湍流的强弱有很大影响，稳定层结造成的湍流抑制，致使气体扩散不畅，稀释非常稳慢；而无稳定层时，则由于热力湍流得到加强，扩散强烈，稀释加快。因此，气温的垂直分布（温度层结）与大气污染有非常密切的关系。

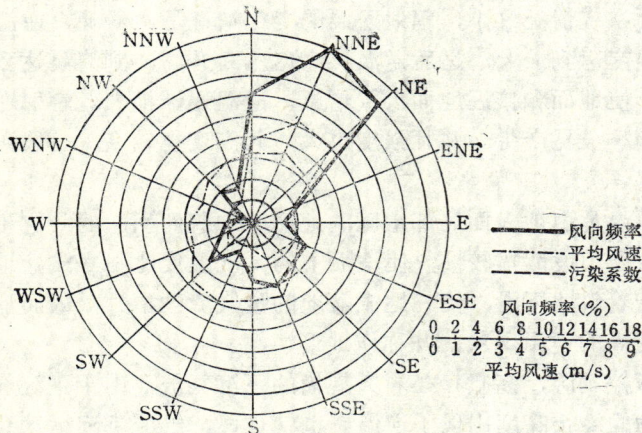

图 2-2　风玫瑰图

### （一）气温的垂直分布

在对流层（地球表面到高空16km左右）内，气温垂直变化的总趋势是，随高度的增加气温逐渐降低。这是因为地面是大气主要的和直接的热源，所以近地面空气层的温度比上层空气的温度要高；另一方面，大气中水汽和固体杂质的分布从低空向高空是逐渐减少的，它们吸收地面辐射的能力很强，也使得近地面层气温比上层要高。气温随高度的变化通常用气温垂直递减率（γ）来表示，它是指在垂直方向上每升高100m高度其气温的变化值。整个对流层中的气温垂直递减率平均为0.65℃/100m，这是指整个对流层中的情况，但是实际上在贴近地表面的低层大气中（大约距地几十米的一层），气温垂直变化情况远比上述复杂。气温的垂直分布通常有如下三种情况：

1.气温随高度递减。这种情况一般出现在风速不大的晴朗白天，地面受太阳照射，贴近地面的空气增温混合较弱。

2.气温基本不随高度变化。这种现象一般出现在阴天，风速比较大的情况下，这时下层空气混合较好，气温分布较均匀。

3.气温随高度递增。这种现象出现在风比较小的晴朗夜间。此现象即为逆温现象。

其它介于上述三种情况之间的过渡状况，它们不仅受太阳辐射日变化的影响，而且还受天气形势、地形条件等因素的影响。

### （二）逆温

在通常情况下，大气的温度随高度的上升而降低。但在某些特殊情况下，大气的温度随高度的上升反而增加，相对于前者而言，我们称之为气温逆转现象，这种气温现象称为逆温。在逆温条件下，大气处于稳定状态，大气处于这个状态时，其对空气垂直对流运动的发展是一种巨大的障碍，它如同一只大盖子，严重地阻碍着地面气流的上升运动，湍流被强烈抑制，使大气污染物质停滞聚积在接近地面的空气层中。这严重地影响了污染物质的垂直扩散运动，往往可造成严重的大气污染。根据逆温形成的原因，可将逆温分成如下几类：

辐射逆温。辐射逆温通常发生在无风或小风且少云的夜晚，由于白天强烈的有效辐射，使地面和近地面大气层强烈冷却降温，而上层空气降温速度较慢，因而出现了上暖下冷的逆温现象。

在变化不大的天气系统情况之下，辐射逆温的变化情况是：傍晚，逆温层在近地面逐渐生成，至午夜逆温强度达到最大，之后逆温层高度不断升高，到清晨达到最高值，日出后地面受太阳的辐射，使地面和接近地面大气增温，逆温逐渐消失。辐射逆温在一年四季均可出现，但秋、冬两季极易产生。并且强度也大，其高度也较高，一般可从地表几米到空中三百米左右。

地形逆温。地形逆温是由地表面局部地区的地形、地貌而引起的。它主要发生在盆地和低谷地带，日落后由于山坡散热较快，使坡面上的大气温度比谷底或盆地底部的大气温度低，这样冷空气就沿着斜坡下滑，使谷地或盆地的暖气流被抬升，因而形成了谷地或盆地上部气温比底部气温高的逆温现象，并称作地形逆温。

下沉逆温。在高压控制区，高空存在着大规模的下沉气流，由于下沉气流的增温作用，致使气流下沉运动的终止高度出现了逆温。也就是说，气流下沉运动总要终止在距地面的某一高度上，而且由于下沉过程的增温作用，使终止高度处空气层的温度高于其下部温度，因而出现的逆温。这种逆温多见于副热带反气旋区。其特点是：范围大、不连接地面而仅出现在距地表以上的某一高度上。故此也常称作上部逆温。

锋面逆温。这种逆温是由于冷暖两种不同温度的气团在空气中相遇，暖气团位于冷气团之上而形成的。

平流逆温。平流逆温主要发生在冬季中纬度沿海地区，由于海洋与陆地之间存在温差，当海上暖气流运动到陆地上空时，因沿海陆地地面气温低于海上暖气流，便形成了平流逆温。

### （三）大气稳定度

在大气中污染物质的排放量、浓度等条件不变的情况下，大气的稳定状态对于环境的污染程度有着很大的关系。为了说明这个问题，先介绍两个与之有关的物理量，气温垂直递减率$\gamma$和干绝热温度递减率$\gamma_d$。在正常情况下，气温垂直递减率表示气温随高度$(dH)$增高其温度$(dT)$减少，可表示为

$$\frac{dT}{dH} = -\gamma$$

干绝热温度递减率$\gamma_d$，表示一块干燥或者未饱和的湿空气块在大气中绝热上升时，温度的下降率。$\gamma$的取值，一般平均取为$0.65℃/100m$。$\gamma_d$的取值为$\gamma_d = 0.98℃/100m$，而通常近似取$\gamma_d = 1℃/100m$，并且这个数据与周围温度无关。大气稳定与气温垂直递减率的关系，见图2-3。

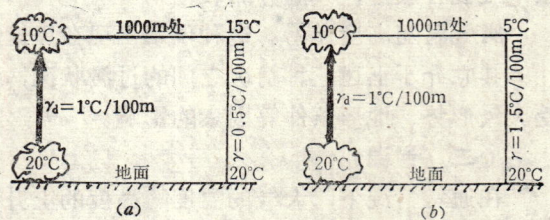

图 2-3　大气稳定与气温垂直递减率$\gamma$的关系
（$a$）、（$b$）为不同气温与$\gamma$的变化

大气稳定的判据，当气温垂直递减率$\gamma$小于干绝热温度递减率$\gamma_d$时，上升气块有返回地面的趋势，这时大气稳定。见图2-3($a$)。当气温垂直递减率$\gamma$大于绝热减温率$\gamma_d$时，上升气块有进一步上升的趋势，此时大气不稳定。见图2-3($b$)。在图2-3($a$)中，温度为20℃的气块升高到1000m时，其温度降低10℃，而周围空气温度垂直递减率$\gamma = 0.5℃/100m$，升至1000m，温度降到15℃。这样在1000m处，上升气块比周围空气温度低了5℃，因上升气块密度比四周密度大而有下沉的趋势。图2-3($b$)中，气块上升至1000m后温度降至

10℃，而周围温度垂直递减率为$\gamma = 1.5$℃$/100\text{m}$，到1000m处温度降至5℃。这样在1000m高度处，上升气块密度小于周围气体，而将加速上升。由此可知，若$\gamma$越大，则大气越不稳定，反之，则大气处于稳定状态。而稳定将造成严重污染。这表明大气的稳定与大气温度的垂直递减率$\gamma$有关。但是大气温度垂直递减率$\gamma$又与太阳辐射、云层情况及地面风等有关。

根据经修订采用的帕斯圭尔稳定度分类法，我国将大气稳定度等级分为：强不稳定、不稳定、弱不稳定、中性、较稳定和稳定共六级。且分别用符号$A$、$B$、$C$、$D$、$E$及$F$代之。欲确定某地大气稳定度等级时，可先由空中云量及太阳高度角按表2-1查出辐射等级数，再根据辐射等级数及地面风速按表2-2查出其大气稳定度等级。

太 阳 辐 射 等 级 数　　　　表 2-1

| 云 量 | 太 阳 高 度 角 | | | | |
|---|---|---|---|---|---|
| 总云量/低云量 | 夜 间 | $d_h \leq 15°$ | $15° < d_h \leq 35°$ | $35° < d_h \leq 65°$ | $d_h > 65°$ |
| $\leq 4/\leq 4$ | $-2$ | $-1$ | $+1$ | $+2$ | $+3$ |
| $5\sim7/\leq 4$ | $-1$ | $0$ | $+1$ | $+2$ | $+3$ |
| $\geq 8/\leq 4$ | $-1$ | $0$ | $0$ | $+1$ | $+1$ |
| $\geq 7/5\sim 7$ | $0$ | $0$ | $0$ | $0$ | $+1$ |
| $\geq 8/\geq 8$ | $0$ | $0$ | $0$ | $0$ | $0$ |

注：$d_h$是太阳高度角，$d_h = \arcsin[\sin\phi \sin\delta + \cos\phi \cos\delta(15t + h - 300)]$。

式中　$\phi$——当地地理纬度（°）；

　　　$\lambda$——当地地理经度（°）；

　　　$\delta$——太阳倾角（°）；

　　　$t$——观测进行时的北京时间（h）。

大 气 稳 定 度 等 级　　　　表 2-2

| 地面风速 | 太 阳 辐 射 等 级 | | | | | |
|---|---|---|---|---|---|---|
| （m/s） | $+3$ | $+2$ | $+1$ | $0$ | $-1$ | $-2$ |
| $\leq 1.9$ | $A$ | $A\sim B$ | $B$ | $D$ | $E$ | $F$ |
| $2\sim 2.9$ | $A\sim B$ | $B$ | $C$ | $D$ | $E$ | $F$ |
| $3\sim 4.9$ | $B$ | $B\sim C$ | $C$ | $D$ | $D$ | $E$ |
| $5\sim 5.9$ | $C$ | $C\sim D$ | $D$ | $D$ | $D$ | $D$ |
| $\geq 6$ | $C$ | $D$ | $D$ | $D$ | $D$ | $D$ |

注：表中地面风速指距地面10m高度处，在10min内的平均风速。

### （四）不同温度层结下的烟型

由于温度层结不同，通常可发现从烟囱排出的烟气有各种不同的形状，归纳起来，大体上有如下几种常见的类型：

翻卷型。一般出现于中午前后，气温层结处于强烈递减状态，即温度层结处于不稳定状态，这时温度随高度的上升而逐渐降低，上下层气流混合强烈，风速比较大，排入大气的烟气流翻卷激烈，扩散十分迅速，烟流范围大，在距排气口即污染源不远处，烟流将到达地面。在较远的下风处，污染物浓度较低。在烟囱低矮且分布密集的工业区，在此烟流状况下也会形成污染。这种烟型一般在夏、秋两个季节尤为多见。其烟型示意见图2-4

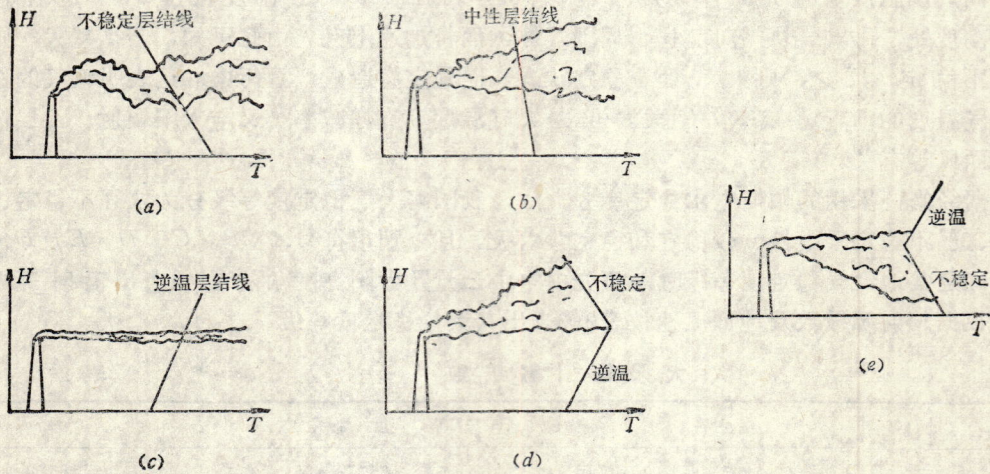

图 2-4　不同温度层结的烟型

(a)翻卷型烟流；(b)锥型烟流；(c)平展型烟流；(d)上升型烟流；(e)熏蒸型烟流

（a）。

锥型。这种烟型多出现在阴天或多云天，阳光不强烈，但风力又比较大的时候，气温层结接近于中性，此时的气温随高度的变化不大，故烟气的扩散和向前推动良好，烟气流在其排气口下风向呈现圆锥型，故此称为圆锥型烟型。见图2-4（b）。

平展型。这种烟型一般多见于冬、春季节的晴朗天日，并经常在午夜至清晨之间出现。受稳定层结的控制，这时大气湍流受到抑制，特别在垂直方向上，湍流交换很弱，因而烟流在垂直方向伸展变化甚微，故只沿下风方向水平地伸展，烟流因此可输送到很远的下风方向。这种烟型见图2-4（c）。

上升型。这类烟型一般出现在日落后的傍晚，这段时间，由于地面有效辐射降温，烟囱高度以下是逆温，但烟囱上部尚保持层结递减状态，故烟气流能向上部空间扩散，而不向烟囱高度下方空间的逆温层扩散，一般不会造成地面的污染。此烟型的情况见图2-4（d）。

熏蒸型。这类烟型及特点正好与上升烟型相反，通常出现在日出以后，这个阶段由于地面的加热，使夜间形成的逆温层从地面开始，逐渐向上地破坏，当一直破坏到烟囱的高度时，下部气温层结向上递减，但上部却仍然保持着逆温状态，故烟囱排出的污染物质在其下方能很快地扩散，而向上则受阻不能扩散，从而导致地面烟尘滞留聚积，其浓度逐渐增大，形成地面大气污染，见图2-4（e）。

上述五种烟型及其影响，只是假定烟囱高度在固定不变的情况下发生的。事实上，如果烟囱高度较高大，逆温层可出现在烟囱的出口处以下的某一高度时，烟气流可由平展型转变成上升型。相反地，如果烟囱高度矮小，逆温层可出现在烟囱排放口处以上，烟气流则可由平展型转变成熏蒸型。但是如果烟气流的排放速度或其热量较高，那么烟气的动力和热力是以冲破逆温层而进入不稳定的层结时，烟气流可由平展型变为上升型。

综上所述，由于温度层结的不同，烟囱排放出的烟气流可呈现不同的形状，产生的影响及污染的效果也不同。除此之外，烟囱的高度也是产生不同烟型和影响污染程度的重要条件之一。各种温度层结下的烟型及特点见表2-3。

各种温度层结下的烟型及特点　　　　　　　表 2-3

| 烟型 | 出现时间 | 大气情况 | 特　点 | 与风和湍流关系 | 影响污染的效果 |
|---|---|---|---|---|---|
| 翻卷型 | 出现在阳光较强的白天 | $\gamma>0$, $\gamma>\gamma_d$ 大气不稳定对流强烈 | 烟气流在上、下左右方向摆动很大,其扩散速度快,烟气流呈剧烈翻卷状,烟气流向下风方向输送 | 伴随有较强的热扩散和阵风 | 由于扩散速度快,污染源附近地区污染物质落地浓度高,一般不会形成烟雾事件 |
| 锥型 | 多出现于多云或阴天的白天,强风的夜晚或冬季的夜间 | $\gamma>0$, $\gamma=\gamma_d$ 大气处于中性呈稳定状态 | 烟气流离开烟囱排放口一定距离后,其外形呈现椭圆锥形,锥轴基本保持水平,烟气流则扩散能力比翻卷型弱 | 高空中风速较大,扩散主要依靠热力及动力的作用 | 烟气流扩散速度及落地浓度较前者低,但污染物质输送较远 |
| 平展型 | 多出现于弱晴朗的夜晚和清晨 | $\gamma<0$, $\gamma<\gamma_d$ 出现逆温层大气处于稳定状态 | 烟气流在垂直方向扩散速度小,厚度在纵向变化不大,在水平方向上有缓慢扩散 | 风微弱几乎无湍流产生 | 污染物质可传送到较远方的地区,遇阻时不易扩散稀释,在逆温层下污染物质浓度大 |
| 上升型 | 多出现于日落后,因地面有辐射逆温,大气稳定,高空大气不稳定 | 烟囱排气口上方:$\gamma>0$, $\gamma>\gamma_d$ 大气处于不稳定状态 烟囱排气口下方:$\gamma>0$, $\gamma<\gamma_d$ 大气处于稳定状态 | 烟气流下侧边缘清晰,呈平直状,而其上部出现湍流扩散 | 烟气排出口上方有微风排出口下方几乎无风无湍流 | 烟囱高度处于不稳定层时,污染物不向下扩散,对地面污染较小 |
| 熏蒸型 | 日出后,地面低层空气增温,使逆温自下而上逐渐破坏,但上部仍保持逆温 | 烟囱排气口上方:$\gamma<0$, $\gamma<\gamma_d$ 大气稳定 烟囱排气口下方:$\gamma>0$, $\gamma>\gamma_d$ 大气不稳定 | 烟气流上侧边缘清晰,呈平直状,下部有较强的湍流扩散烟气层上方有逆温层 | 烟气流下部有明显热扩散上部热扩散较弱,风在烟气流之间运动 | 烟囱低于稳定层时,烟气流象被盖子盖住一样,烟气流只向下部扩散,地面污染严重 |

## 四、辐射与云的影响

太阳辐射是地面和大气的唯一能量来源,几乎所有气象过程和天气形势的发展变化,都直接或间接地由太阳辐射所转换的能量作为动力。当太阳辐射直接照射在地面表层,并且首先加热近地层表面的空气时,温度层结是递减的,大气处于不稳定状态,污染物质扩散稀释速度加快,不会形成污染。当地面辐射冷却时,近地层气温下降,形成逆温,大气处于稳定状态,污染物质扩散稀释速度减慢,便会形成不同程度的污染。

云层对太阳的辐射起着反射和阻挡的作用,其反射的强度一般由云层的厚度而定。因此,在阴雨天,由于云层的阻挡,使地层表面接受到的太阳辐射减少。同样地,当夜间存在着云层时,特别是存在着浓厚的低空云层,且大气的逆辐射很强时,地面的有效辐射减弱，地面就不易冷却。由此可见，云层存在的总的效果是减小气温随高度的变化，至于减少的程度，则要看云层的多少而定。

在环境规划时，若当地的温度层结资料不足，就可根据季节，由每天观测时间和云量的不同，也可估计大气稳定度的情况，再结合当地风速，风向等气象条件，就可进一步估计到大气的扩散稀释能力。比如，晴朗的白天，风比较小，在阳光照射下，地面可急剧增温。随之，空气也自下而上地逐渐增热，温度层结递减，大气处于不稳定状态，并且中午时最强；夜间太阳辐射等于零，地面由于其有效辐射而失去热量，空气自下而上地逐渐降温，从而形成逆温，大气处于稳定状态；日出前后的一段时间，处于转换期，大气处于中性层结；阴天或者多云天气，风一般较大，温度层结变化很小，大气接近中性。

总之，在一般情况下，风大、大气又处于不稳定状态时，非常利于污染物的扩散稀释；相反地，若风速小，大气又处于稳定状态时，就不利于污染物质的扩散稀释；特别是在逆温条件下，往往会形成严重的污染。

### 五、天气形势与大气污染的关系

与影响污染物质扩散稀释有关的气象因素（或称因子），都不是孤立地起作用的，这些因素都要受到整个大气运动的影响或制约。大气运动的结果可以影响地层表面辐射的效果，导致温度的垂直变化及风的强弱，影响大气的扩散稀释能力。

产生大气污染的因素与气团的类型有着密切的联系。受极地气团控制时，因极地（极圈以内的地区，通常最高月平均温度约为10℃）气团来自较冷地区，因而在其移动过程中，气团下部因受热而增温，容易在较厚的一层大气中造成不稳定趋势。同时由于白天太阳辐射的影响，使不稳定的趋势有所增强，而在晴朗夜间，当地面有效辐射很强，且近地层气温较低时，靠近地表面层的大气可以形成逆温。总之，影响污染物质扩散稀释有关的气象因素应与局部地区的状况结合起来考虑。

在低气压控制的天气情况下，由于空气流的上升运动，风速较大，大气通常处于中性或者不稳定状态，对污染物质的扩散稀释较为有利。

在高气压控制的天气情况下，由于存在着大范围空气的下沉运动，通常在几百米到一两千米的高空中形成下沉逆温，阻止污染物质的向上扩散。如果高压移动速度较低，或长期滞留在某一地区，将由于高压控制而带来小风速和稳定层结，这对于污染物质的稀释扩散非常不利。另外由于天气晴朗，夜间因地面有效辐射容易形成辐射逆温，这对于污染物质的扩散稀释更不利，因为此时只要有足够的污染物排出，就会出现明显的污染，如果所处位置的地形封闭，常常会形成严重的污染危害。震惊世界的伦敦烟雾事件，就是由于滞留的反气旋控制，有较强的下沉气流，形成下沉逆温，加上地面有效辐射冷却较快，在近地层表面又生成辐射逆温，从而形成一个由下到上的强逆温层，逆温下的水汽接近饱和状态，很利于雾的形成，这种大雾和硫酸烟雾混成一体，当这种高压天气形势连续出现，而且白天、夜晚一直连续，以致于造成严重的污染事件。1952年12月5日至9日，在英国全境几乎都弥漫着大雾，并有逆温，当时伦敦市区在距地面60～150m的低空，出现逆温层，微风甚至是无风状态，天气又冷，居民生活与工厂生产排放的烟尘较多，无法扩散稀释，致使在2月5日至9日的短短数日内，伦敦居民死亡人数达数千人。

## 第二节　影响大气污染的地理因素

空气流动的状况总是要受到下垫面的影响，即与空气流动方向上的地形、地貌、海陆位置、城镇村庄分布等地理因素有关。其影响方式分为两个方面：其一是动力作用，如因小地形起伏改变的粗糙程度，可在一定程度上增加机械湍流，大地形起伏可改变局地气流场及气流途径，从而改变烟气扩散稀释条件。其二是热力作用，因地形起伏或水陆分布，使得地面受热和散热不均匀，从而引起温度、风速及风向的改变，进而影响污染物的稀释扩散。

### 一、地形和地物的影响

地面是一个凹凸不平的粗糙曲面，当气流沿地表流过时，必然会与各种地形、地物发生摩擦作用，使风向与风速同时发生变化，其影响程度与各障碍物的形状、体积、高低等有密切关系。

在一定范围内，山脉、河流、沟谷的走向，对主导风具有较大影响，气流沿着山脉、河谷流动。

地形、山脉的阻滞作用，对风速也有很大的影响，特别是那些封闭的山谷盆地，因周围群山屏障的影响，通常静风、小风向频率占很大的比重。我国是一个多山的国家，许多村镇就位于山间河谷的盆地上，静风频率比较高。由于小风、静风时间多，不利于大气污染的扩散稀释。

村镇体型较高大的建筑物或构筑物，都可以使气流在小范围内产生湍流，阻碍污染物质迅速扩散稀释，而使之停滞在某一范围内，加重污染，见图2-5。其中图2-5（a）是气流通过一幢建筑物的情形。图2-5（b）是风向与街道垂直时的情形。图2-5表明村镇单幢建筑物或建筑群，对风向、风速都有一定的影响。一般的规律是建筑物背风区风速下降，在局部地区产生涡流，不利于有害气体的扩散稀释。

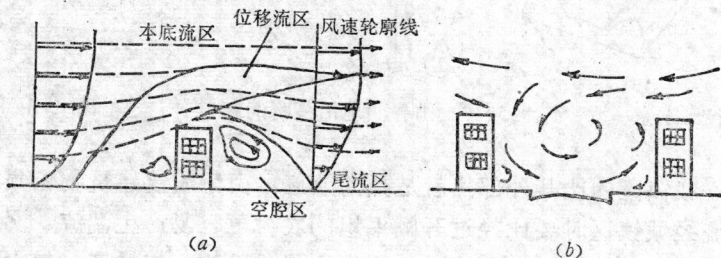

图 2-5　建筑物对风向、风速的影响
（a）建筑物对气流影响；（b）风向与街道垂直

### 二、局地气流的影响

地形的差异，造成地表面热力性质的不均匀，通常形成局部气流，其影响范围一般在几公里至数十公里，局地气流对当地的大气污染可起到十分重要的作用。最常见的局地气流有山谷风、海陆风（也叫水陆风）、城市"热岛"效应等。

山谷风。山谷风的产生，主要是由于山坡和山谷底受热不均匀而产生。在系统性的大气演变不剧烈时，遇天气晴朗的夜间，山坡冷却而使坡地上的空气密度大于谷底上同高度的空气密度，冷而且重的空气即顺山坡向下流动，这就是坡风。沿河谷各处下泄的气流汇合起来，就构成一股速度较大，层次较厚的气流，顺着河谷向下游平原游动，这就是山风。白天的情形正相反，坡地上暖而且轻的空气顺坡上升，而沿河谷流动的一股气流，叫做谷风。山谷风的形成见图2-6。在不受大的天气形势影响的情况下，山风和谷风可能在一定的时间内进行转换，清晨以后，山风逐渐转为谷风，而接近黄昏时，又由谷风转换为山风。

山谷风是由于局部性的加热与冷却的差异所引起的，有时还会在山谷底构成闭合的环流。在稳定的山谷风环流地区，由于局地气流的影响，污染物质往返积累，往往会达到很高的浓度，山谷污染物质的积累见图2-7。谷地烟囱排出的烟气污染物遇到山风后被压回谷底，加上由于山风冷空气沉入谷底而形成逆温，更加重了污染，有时出现持续时间很长且十分危险的高浓度。

海陆风。海陆风也称水陆风，它是在水陆的交界处，由于海、湖、河流等水面与陆面导热率和热容量的差异常出现的一种风。白天由于有太阳的辐射，陆地面的温度高于水面，陆地附近空气受热上升，而水面空气即向陆地面移动对陆地面空气进行补充。因此，白天空气自水面吹向陆地，其输送距离常可达数公里甚至几十公里，这就是海风或称水风。在夜间则相反，风从陆地吹向水面，此即为陆风。如果在海陆风出现时，白天海风吹向陆地，然后在陆地面上升，上升后又向海面移动，形成小环流。此时，如果陆地有污染源，将使这个地区的污染物质难以全部输送出去，造成对海岸地区的污染。在一般情况下，因海风强度大于陆风，可伸入陆地数公里甚至几十公里，其高度可达几百米，有一部分在进行小循环，使污染浓度可能逐步增大。海陆风的形成见图2-8。

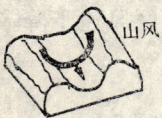

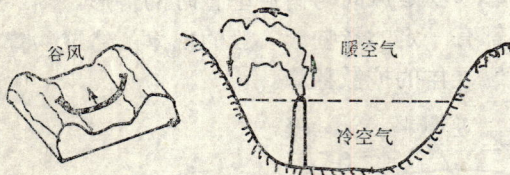

图 2-6　山谷风示意　　图 2-7　山谷凹地污染物的积累　　图 2-8　海陆风的形成

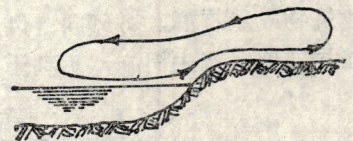

热岛效应。城镇区内比其外部热就是热岛效应。由于城镇建筑物密集，使城镇的粗糙度加大，空气流经城镇区时要比经过开阔平坦的农村更容易产生湍流。另一方面，相对于郊区，城镇区风速比较小，而各种建、构筑物及其它设施的粗糙度又较大，使得底层的风向多变，各处差异明显，各街道里弄、各建筑物旁边则可以产生各种各样的局部环流。

目前，由于集镇聚积了大量的人口，国家各级下放企业，乡镇企业，交通运输量大等。使得能源消耗量大，在燃烧过程中释放出的热量在城镇中心和繁华闹市区比较高。另一方面，城镇中相当大的面积是建筑、构筑物及路面等，大量的不透气地面使其蒸发比郊区农村小。因此，地面热量的相对耗散较小，大部分热量以湍流热传给大气，使镇区气温升高。又由于污染源排放的污染物多，使大气对长波辐射的吸收加强，也造成城镇区温度高于郊区农村，其温差也越来越明显。据有关资料，城市的年平均温度比其周围郊区的温度大约高$0.6°\sim1.3℃$。

热岛效应使城乡之间造成局部环境的差别，使郊区大气流向城区辐合，因夜间郊区上空稳定层结构的气流向市区辐合，使城镇区低层的热空气层受到较强的扰动，因而使得镇区低层大气趋向中性或微不稳定，而上层空气仍保持稳定状态，构成了夜间特有的大气混合层。这种混合层的厚度有时可达两三百米，使低于混合层顶部的污染源排放的污染物质弥漫地面，产生大气污染和危害。

随着村镇经济和村镇建设的不断发展，各种建、构筑物和基础设施的建设，道路交通等共用设施的不断完善，村镇人口的骤增，人为活动加剧，村镇规模的扩大，各种建筑物不论形体上还是高度上都较过去有很大的增长。使得城市热岛效应也逐渐地在广大村镇形成，有些发展较快建设较快的村镇已出现了较为明显的热岛效应，它也将成为村镇环境污染的影响因素之一。城市热岛效应示意见图2-9。

图 2-9  城市热岛效应

### 三、污染源的影响

由污染源排入大气的污染物质通常是由各种气体及固体颗粒组成的，其性质是由它们的化学成分决定的，不同化学成分在大气中造成的化学反应和清除过程是不同的。大小不同的固体颗粒在大气中的重力沉降速度及清除过程也是不同的，因此它们对污染物浓度分布的影响也不同。

工厂烟囱排放的污染物，其温度往往大大高于周围的大气，因而污染物排出时，就会因浮力及初始动量而上升，在某种意义上来讲，这就相当于增加了烟囱的高度。

由以上分析，影响大气污染除了气象因素和地理因素两个重要因素之外，还与污染源的几何形状、污染物性质及排放方式有关。

#### （一）污染源的几何形状和排放方式

按照几何形状分类，污染源可分为点源、能源及面源等。按照排放污染物的持续时间分类，污染源可分为瞬时源和连续源。按照排放点的高度分类，可分为地面源和高架源等。不同类别的源有不同的排放方式，污染物进入大气的初始状态、其浓度的分布和计算污染浓度的公式等都不相同。但是，污染源的几何形状和排放方式只具有相对性，如果把企业的烟囱作为高架连续点污染源，把道路交通线路作为线污染源，集镇居民的生活炉灶作为面源。那么各类污染源的结合，在分析问题时则应视为复合源。

#### （二）源强及源高的影响

源强即污染源排放污染物的强度，用单位时间里排放污染物的多少表示。如点源以单位时间排放的质量表示。线源则以单位时间、单位长度上排放的污染物质量表示。很显然，大气中污染物质浓度与污染源的强度成正比。因此，研究大气污染问题，必须首先摸清源强的规律。

烟囱是高架源，研究其高度对附近地面浓度的分布情况有很大的影响，显然离源越远则浓度越低，降低的程度取决于烟囱的高度。图2-10是当烟囱高度分别为40、60、80m时，在同一温度层结下对地面浓度的影响。

地面上最大浓度与烟囱高度的平方成正比，随着与源的距离的增加，烟囱高度对地面浓度的影响逐渐减少。

为了研究和预防大气污染，除了研究影响大气污染的各种因素外，还需要正确地推算和预测污染物在大气中的浓度。为此必须了解污染物在大气中的运动状况。自烟囱排放到大气中的污染物质随气流的输送并不断扩散稀释，若污染物质影响到地面，当其浓度超过所能允许的水平时，就会产生污染。因而研究污染物在大气中的运动扩散过程具有重要意义。

影响大气污染物的输送和扩散因素是相当复杂的，其主要原因有：污染源的实际高度、污染物质的排放量等。其它如气象条件和地理条件等在前面已讨论过。

自高架源进入大气的烟气，由于惯性和热力的作用而将抬升一定高度，又由于风的作用使其在下风向的垂直和水平两方向上扩散，这是一个较复杂的过程。假设烟气的扩散是由纵向扩散和横向扩散两个过程同时来完成的（见图2-11），即烟气排出烟囱口后，先因惯性和热力上升一个高度 $\Delta h$，再从 $A$ 点出发，在其下风方向随风流动，并在湍流下进行扩散。因此，从烟囱排烟和在大气中的扩散情况来推算污染物对地面的污染浓度，其过程可分成两步来计算。即先求烟气上升高度 $\Delta h$，再求烟气的污染浓度。

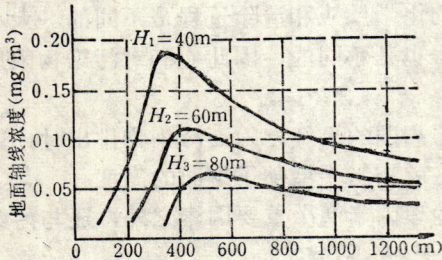

图 2-10 烟囱高度与地面浓度关系

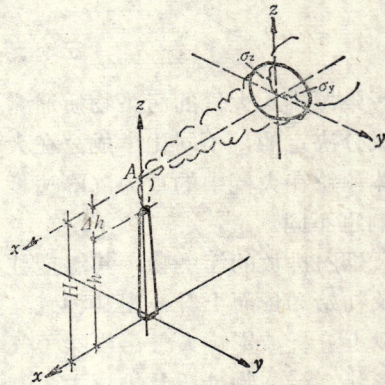

图 2-11 烟囱有效高度及烟气扩散

1.有效源高度计算。从烟囱排出的烟气，由于初始动量和热力作用（温度高于周围大气），要上升一个高度 $\Delta h$，烟气抬升的高度，首先是与烟气本身的性质有关，某上升高度，决定于它所具有的初始动量和热力作用，动量取决于烟囱口的直径和排气速度，热力决定于烟气和周围空气的温度差。在许多计算公式中，热力作用比动量作用对烟气抬升的贡献大得多。其次烟气抬升的高度，与周围大气的性质也有一定的关系。烟气与周围大气混合的快慢，对上升的高度影响很大，混合得越快，烟气的初始动量和热量损失也越快，上升高度就越小。与混合速率有关的主要是平均风速和湍流强度。平均风速与湍流强度越大，混合越快，烟气上升就越低。当大气处于不稳定状态时，烟气的上升大大加强，这是由于这时的层结作用比湍流强度作用更加明显所致。

由上述分析可见，烟气上升问题是一个十分复杂的问题。在计算方面，至今还没有十分满意的计算方法。这里介绍由霍兰根据某三个电厂的烟气实测资料为依据而推导出来的经验公式——霍兰公式。即

$$\Delta h = \frac{V_s d}{u}\left(1.5 + 2.7\frac{\Delta T}{T_s}d\right)$$

式中    $\Delta h$ ——烟气上升的高度（m）；

$V_s$——烟囱口烟气排出速度（m/s）；

$d$——烟囱排出口直径（m）；它与烟囱高度的关系见表2-4；

$\bar{u}$——烟囱口高度处的平均风速（m/s）。各高度上的风速，一般按 $\bar{u}=\varphi \bar{V_0}$ 计算，式中 $\bar{V_0}$ 指距地面10m左右的平均风速，$\varphi$ 是修正系数，其值见表2-5；

$T_s$——烟气的温度（K）；

$\Delta T$——烟气与烟囱口周围空气温度差（K）。

烟囱高度与烟囱排出口直径的关系　　　　　　　　　表 2-4

| 烟囱高度(m) | 30 | 45 | 60 | 80 | 100 | 120 | 150 |
|---|---|---|---|---|---|---|---|
| 烟囱排出口直径(m) | 2 | 2.5 | 3 | 4 | 5 | 5.5 | 6 |

风 速 修 正 系 数　　　　　　　　　表 2-5

| 烟囱高度(m) | 20 | 40 | 60 | 80 | 100 | 120 |
|---|---|---|---|---|---|---|
| 风速修正系数($\varphi$) | 1.15 | 1.30 | 1.40 | 1.46 | 1.50 | 1.54 |

在使用上式时，霍兰建议在预测抬升高度时，在不稳定条件下增加10～20%；但在稳定条件下，减小10～20%。另外在实际应用中，实测值普遍比霍兰公式的计算平均大一倍左右。尽管如此，公式对中小型工厂烟囱排烟抬升高度的计算，仍不失为广泛应用的计算式之一。

【例 2-4】 某镇一乡镇企业，烟囱高度为100m，烟气排出速度为1.35m/s，烟气温度418K，烟囱周围大气温度288K，距地面10m处平均风速为4m/s，求烟气抬升高度 $\Delta h$。

【解】 已知：$V_s=1.35$m/s；查表2-4得烟囱排放口直径 $d=5$m；平 均 风 速 为 $V_0=$ 4m/s，查表2-5，$\varphi=1.50$；烟气的绝对温度 $T_s=418$K；烟气与周围的温度差 $\Delta T=(418-288)$ K。

由式 $\Delta h=\dfrac{V_s d}{\bar{u}}\left(1.5+2.7\dfrac{\Delta T}{T_s}d\right)$ 得到

$$\Delta h=\frac{1.35\times 5}{4\times 1.50}\left(1.5+2.7\times\frac{(418-288)}{418}\times 5\right)=64.1\text{m}$$

通过前面的讨论和例题的计算，不难得到，要提高烟气抬升高度，达到减轻地面污染物质的浓度，还要注意以下几点：

（1）提高排烟温度。为了提高排烟温度，应减少烟囱内壁和烟囱的热损失，以提高烟气的热力（浮力）；

（2）提高烟气喷出速度。提高喷出速度，可增加烟气上升的惯性作用，但是出口速度过于大，又会促进烟气与空气的混合，反而减少了浮升力作用；

（3）增加排出的烟气量。如果在保证喷出速度和排烟温度不变的前提下，增加烟气在单位时间内的排放量，对烟气惯性力（动量）和浮升力（热力）作用均有帮助。故在实际应用中可常将分散的烟囱由一个或几个烟囱集中起来排放，以增加单个烟囱排出的烟气量。

2.烟气中有害物质浓度的计算。烟气由烟囱排出口进入大气，在大气中顺风向下风向移动，同时又向垂直和水平方向扩散，其浓度以烟流轴线上为最高，沿着向下风向延伸，烟气逐渐稀释，污染物质浓度随之下降。而现有的一些计算方法，一般仅适用于比较稳定的大气状态和平坦的地形。因此，在许多情况下，还只能作为近似地估算。下面介绍一种按帕斯圭尔——特纳尔系统，利用一般气象观测资料进行计算的简单方法。即根据污染浓度与$y$、$z$两个方向扩散系数$\sigma_y$和$\sigma_z = \dfrac{H}{\sqrt{2}}$的近似关系，推导出烟源下风向烟流轴线下地面的最大污染浓度。即

$$C_{max} = \frac{0.235Q}{\bar{u}\,H^2}\frac{\sigma_z}{\sigma_y}$$

式中　$Q$——污染物质排放量（g/s）；

　　　$\bar{u}$——烟囱口高度处的平均风速（m/s）；

　　　$H$——烟囱有效高度，$H = h + \Delta h$（m）；

$\sigma_y$、$\sigma_z$——分别为$y$、$z$两方向扩散系数，本式中$\sigma_y$、$\sigma_z$值必须用最大浓度点的值。该系数不仅取决于气象条件，而且也是污染源距离的函数。

　　由$\sigma_z = \dfrac{H}{\sqrt{2}}$这一关系，可以按帕斯圭尔分类法定出不同气象条件下的大气稳定值，见表2-6。再在特纳尔经验曲线上，分别查出所需的$\sigma_y$和$\sigma_z$值，见图2-12、图2-13。然后可求地面最大污染浓度$C_{max}$和污染点至污染源的距离$X_{max}$。

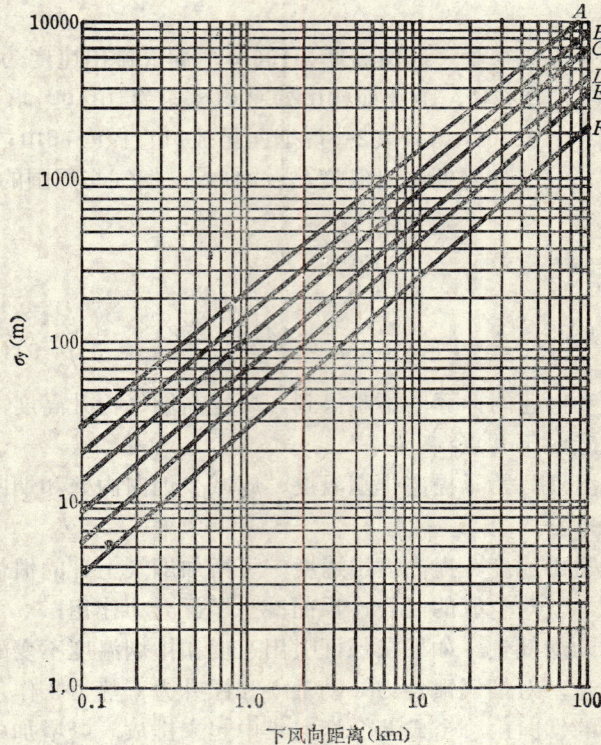

图 2-12　确定$\sigma_y$的曲线

| 地面风速(m/s) | 白 天 日 照 | | | 夜 间 云 量 | |
|---|---|---|---|---|---|
| | 强 | 中 | 弱 | ½ 云量 | ³⁄₈ 云量 |
| <2 | A | A~B | B | — | — |
| 2~3 | A~B | B | C | E | F |
| 3~5 | B | B~C | C | D | E |
| 5~6 | C | C~D | D | D | D |
| >6 | C | D | D | D | D |

注：1. A—强不稳定；B—不稳定；C—弱不稳定；D—中性；E—较稳定；F—稳定。
　　2. 强日照——太阳高度大于60°，出现于夏季晴朗的下午；中等日照——出现在有少量散云团的夏天；弱日
　　　照——太阳高度15°~35°，出现在晴朗的夏天，或有太阳的秋天下午。

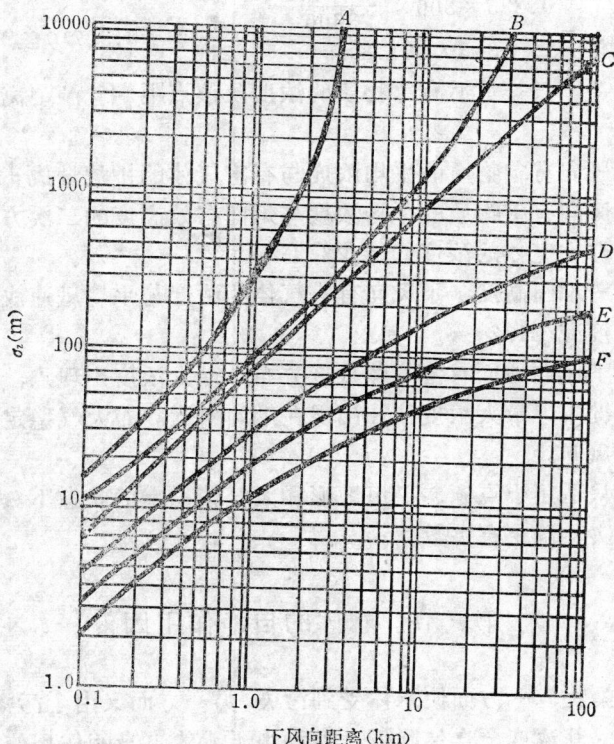

图 2-13 确定 $\sigma_z$ 的曲线

【例 2-5】 某镇一座60m的烟囱，其二氧化硫的排放量为800kg/h，地面平均风速为4m/s，烟气出口时的速度为20m/s，烟气和周围空气的温度分别为403K和283K，试求在中性气象条件下，地面可能出现的二氧化硫的最大浓度，以及该最大浓度点距烟囱的距离。

【解】 $\overline{u} = \varphi V_0 = 1.4 \times 4 = 5.6 \text{m/s}$，（烟囱高60m时，$\varphi$取1.4）

烟囱排放口直径 $d = 3\text{m}$（由表2-4）。

先由公式 $\Delta h = \dfrac{V_s d}{u} \left( 1.5 + 2.7 \dfrac{\Delta T}{T_s} d \right)$ 求烟气抬升高度 $\Delta h$。将已知条件 代入公式，得

$$\Delta h = \frac{20 \times 3}{5.6}\left(1.5 + 2.7 \times \frac{403 - 283}{403} \times 3\right) = 41.8\text{m}$$

所以 
$$H = h + \Delta h = 60 + 41.8 = 101.8\text{m}$$

最大浓度点的$\sigma_z$值就应该是

$$\sigma_z = \frac{H}{\sqrt{2}} = \frac{101.8}{\sqrt{2}} = 72\text{m}$$

由图2-13查得 $X_{max} = 3200\text{m}$

又由图2-12查得 $\sigma_y = 210\text{m}$

再由式 $C_{max} = \dfrac{0.235Q}{\overline{u}\,H^2}\dfrac{\sigma_z}{\sigma_y}$ 求得

$$C_{max} = \frac{0.235 \times 800 \times \dfrac{1000000}{3600}}{5.6 \times 101.8^2} \times \frac{72}{210} = 0.307\text{mg/m}^3$$

综上所述，有关烟气排放后有害物质的浓度及该点距烟气源距离问题，可小结为如下几点：

（1）烟气下风向有害物质的平均浓度与有害气体的排放量成正比；

（2）烟气下风向有害物质的平均浓度与烟囱有效高度的二次方成反比，若烟囱高度增加一倍，下风向有害气体的浓度约减少3/4；

（3）对于同一烟囱高度，下风向有害气体的浓度与平均风速成反比。风速增大一倍、下风向有害气体浓度减少1/2；

（4）烟气源下风向地面有害气体浓度分布，最大浓度出现点，都随大气的稳定状态而异。在不稳定情况下，最大浓度往往出现在烟囱附近。而大气稳定时，最大浓度将出现在离烟囱较远的下风向。

上面的计算，只适用于点源、平坦地形和大气较稳定的状态下。对于其它复杂情况，则往往通过实测、实验确定有关数据。

## 第三节　水体的自净作用因素

排入水体的污染物，一方面使水体受到污染，另一方面又由于污染物受到水体物理的、化学和生物的作用，其浓度会自然降低，这种由于水体自身的作用使污染物浓度降低并逐渐恢复原有水质的现象，称为水体的自净作用。水体自净要受到许多因素的影响，自净的过程很复杂，其作用的因素也是多方面的。首先水体污染物质的稀释作用是其中最重要的因素，所以常把废水、污水排入天然水体并与之相混合叫做稀释法，自然水体用几十倍或数百倍的天然水稀释污水，使污水中各种杂质的浓度大为下降。其次就是通过水体中的悬浮物质的沉淀，也可降低水体中的杂质浓度，再次，在微生物作用下，水体中的有机物不断氧化、无机化，使水中的有机物含量逐渐降低。而有机物的氧化、无机化过程中需要消耗大量的溶解氧，但溶解氧可以从大气得到补充。也可由水生植物光合作用得到补充。除此之外，由于环境的变化，可使排入水体的粪便等污水中带来的病原菌逐渐死亡，所有上述这些，使水体可逐渐恢复到原来的清洁程度。如果废水中所含污染物过多，并且大大超过水体的容量和自净能力，就将造成水体的污染。

## 一、水体的稀释作用

水体的稀释作用效果,与废水及河水的流量以及二者混合的程度有密切关系,污水进入天然水体中,由于诸多影响混合的因素,使污水并不能马上与所有天然水混合。其主要因素包括:

1.河流量与污水流量的比值。这个比值愈大,污水与河流完全混合的时间就愈长。

2.污水排放口的形式。若污水是集中在岸边某一处向河流排入,则达到完全混合所需的时间比较长。若采取分散方式排入河流,则达到完全混合所用的时间将可缩短。

3.河流的水文因素。河流的流量、流速等水文因素与水体的自净作用效果关系密切,特别是河水的紊流,可使水体中的杂质得到充分的混合,紊流运动,还可使过水断面上水流趋于均匀,水中溶解质分布较均匀,气体交换速率提高。

实际上,在任何情况下,废水与河水的完全混合是需要时间的。因此,在没有达到完全混合的某河流截面上,就是只有一部分水流参与了污水的稀释。工程中把参与混合的河水流量与河水总流量之比称为混合系数,用 $\alpha$ 表示,即

$$\alpha = \frac{Q_1}{Q}$$

式中　$Q_1$——参与混合的河水流量;

　　　$Q$——河水的总流量。

已达到完全混合的河流截面以及下游,其混合系数 $\alpha = 1$,因为这时全部河水都参与了对污水的稀释作用,即 $Q_1 = Q$。在污水排放口到完全混合截面的一段距离内,若只有一部分河水与污水互相混合,那么其混合系数 $\alpha < 1$,这时 $Q_1 < Q$。

污水已被河水稀释的程度,常用稀释比来表示,它是已参与混合的河水流量与污水流量的比值,用 $n$ 表示。即

$$n = \frac{Q_1}{q} = \frac{\alpha Q}{q}$$

式中　$q$——污水流量;

　　　$\alpha$——混合系数;

　　　$Q_1$——参与混合的河水流量;

　　　$Q$——河水的总流量。

在实际计算中,是采用河水的全部流量还是部分流量进行计算,要根据具体情况而定。一般情况下,多采用部分流量计算,即采用 $\alpha < 1$。根据实际工作经验,对于流速在 $0.2 \sim 0.3 \text{m/s}$ 的河流,可取 $\alpha = 0.7 \sim 0.8$。当河水流速较高时,可在 $\alpha = 0.9$ 左右取值。而当流速较低时,则取 $\alpha = 0.3 \sim 0.6$。如果在排放口的设计中,采取分散的排放口或将排放口伸入河水中,或把污水送到水流湍急的地方,以及其它个别有利于混合的条件下,均可考虑采用河水的全部流量计算,即计算时取 $\alpha = 1 (Q_1 = Q)$。

## 二、水体中溶解氧的作用

溶解氧是水质的重要参数之一。溶解氧一般指液相或水中所溶解的呈分子状态的氧,用符号DO表示。水中溶解氧量受水温、气压、风浪以及其它溶质的影响。它随水温的升高而减小,与大气中氧分压成比例增加。有时在水温急剧上升,藻类繁殖旺盛等情况下,

溶解氧可过饱和。在20℃和一个大气压下，纯水中饱和溶解氧含量约为9mg/L。在江河水中即使上游溶解氧大致接近饱和，但由于污水和乡镇企业废水等污染，有机腐败物质以及其它还原性物质的存在，生化需氧量BOD增大，使溶解氧被消耗。故此，常常也可用溶解氧量间接表示水的污染情况。然而事实上，水体污染程度是用水体中耗氧量的大小来作为主要标志的。溶解在水中的氧，不断地被消耗。因为水中动植物的代谢需要氧；排放到水体中的工业废水，其中有机物的分解也要消耗氧；鱼类等水生动植物的生存需要氧，如果溶解氧减少到一定的程度，鱼类就会死亡等等。从利于鱼类生存来看，有人认为溶解氧在24h内，必须保证有16h以上大于5mg/L，而其他时间也不得低于4mg/L。在正常情况下，溶解氧是处于不断消耗和不断补充的动态平衡状态，如果水体中耗氧速度超过补充氧的速度，就呈现为缺氧状态，这对水体环境是极为不利的。因此，水体中耗氧量大小可以说明该水体受污染的程度。

通过上述讨论，水体中足够的溶解氧是提高水体的环境容量或自净作用的重要的物质条件。而大量的溶解氧主要依靠大气的补充，补充的速率如何，与水体的溶解氧量及水体的自净作用能力密切相关。

水体中溶解氧的获得取决于大气与水间的相互作用。但水体与气体的交换速度又要受到各种因素的影响，诸如大气及水中的气压、温度、风速、流速、流动方式等，尤其是水体

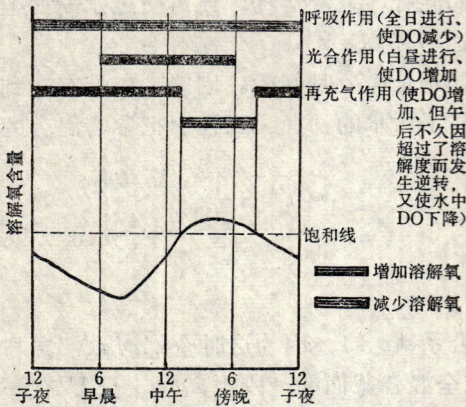

图 2-14　水体中溶解氧一昼夜变化情况

紊流状态的影响最大。由于各种因素的影响，水体中溶解氧含量变化很大，这些因素主要包括：水体与大气间的曝气过程、植物的光合作用、水生物的呼吸和有机废物的氧化作用等。水体中溶解氧随上述各种因素的变化，见图2-14。尤其是水体紊流状态的影响最大。

### 三、水体微生物的作用

当水体中含有有机物质时，水中的微生物就摄取其有机物质作为养料，在其过程中，微生物将一部分有机物变成微生物本身的细胞，并提供合成细胞维持生命的能量，一部分有机物则变成废物被排出。如果水体中溶解氧十分充足，一部分有机物将可通过微生物的作用变成水和二氧化碳及无机盐类排出。但若水中溶解氧不足，将产生嫌气分解。嫌气性微生物不断分解污水的有机物，提供其自身合成细胞维持生命的能量，排出含有臭味的硫化氢和氨等。因此，它受存在于水体中的微生物的数量和种类的影响。如果水体中含有对微生物有害的物质、则微生物活动受到阻碍，水体自净能力将降低。

### 第四节　有害物的联合作用因素及二次污染物

无论村镇的性质，规模如何，也无论乡镇企业有多少，其居民生活及乡镇企业排入水体的废水中的污染物都不是单一的。这诸多的有害物质之间，由于相互间的联系，或将互相加强污染，或将互相抵抗，或将因化学作用产生新的污染物质，即二次污染物。因此，

正确掌握多种有害物的联合作用及二次污染物生成规律，对村镇环境规划和保护工作是十分重要的。

## 一、有害物的联合作用

进入村镇环境的各种污染物质，都不是孤立地起作用的，而是通过相互联系、互为影响地作用于环境的。所谓联合作用，就是当有两种以上污染物质处在同一环境下，极易产生多种有害物质之间的联系，从而产生的多种有害物间的协同作用或抵抗作用。

有害物的协同作用，当两种以上有害物质同时存在于环境之中时，一种有害物能促进另一有害物的危害加重的作用。称作有害物的协同作用。例如二氧化硫与水汽化合生成无水硫酸和硫酸雾，经动物试验结果表明，可引起的生理反应比单独存在二氧化硫的危害强4～20倍。二氧化硫被单独吸入人体时，常常引起上呼吸道受害。如果将二氧化硫吸附于盐气溶胶表面，就能把更多的二氧化硫带入肺的深部组织，导致更加严重的危害。重金属微粒具有对二氧化硫的催化作用，可促进二氧化硫氧化而生成硫酸雾。大气微尘可充当二氧化硫的载体，将二氧化硫带入肺的深部组织，产生的危害性更大。美国多诺拉曾发生一次烟雾事件，致使60人死亡和43％的居民患病的严重后果。其原因就是在排放浓度不高的二氧化硫的同时，附近锌冶炼厂又排放出含锌烟雾气溶胶，在二氧化硫与锌烟雾溶胶的协同作用下，使其毒性增大一倍以上所至。

综上所述，从有害物的协同作用来看，在村镇规划布局时，应充分考虑有害物质的联合作用，对排出的"三废"有协同作用的乡镇企业及各级政府下放的企业，不要规划布置在一起，以避免人为加剧污染。另外，必须充分利用各种条件避免产生协同作用，不使污染加重。

然而，也有些污染物质在联合作用后，使其危害程度较之单独存在时有所减轻，这种现象称为拮抗作用。对此，在村镇环境规划中也应充分考虑和加以利用。

## 二、二 次 污 染 物

由于人类的生产和生活活动，从各种污染源向大气、土壤和水体中排入有害物质，受这些有害物质的性质、浓度及停留时间等影响，能在环境中产生直接污染，并对人类或其他生物造成危害，这称为一次污染。例如塑料厂、焦化厂、炼油厂和钢铁厂等排放的浓度较高的酚类化合物，能引起人头痛、失眠及其他神经系统的病症。由污染源直接排入环境，并且其物理和化学性状未发生变化的污染物，称为一次污染物。如工业"三废"、汽车尾气、生活污水等。

什么是二次污染物呢？在环境中存在着的有害物质，在生物的、化学的、物理的、物理化学的作用下，变成毒性更大，并对人类或其他生物有直接危害的物质，而这些物质又是原来污染源中所没有的，这就是二次污染。这种变化后的污染物称为二次污染物。如无机汞在自然水体中转化为剧毒的甲基汞，水中发酵性的有机物被微生物分解，生成硫化氢和醛等二次污染物。美国洛杉矶和日本东京曾发生的光化学烟雾就属于二次污染物。它的产生是由于排入大气中的烃类及其他化合物，在阳光的照射下，发生光化学反应，而生成的以臭氧为主的多种强氧化剂，从而污染大气环境，危害人类健康。

从以上的讨论可以知道，二次污染及污染物是在环境保护中易于产生的新问题。事实上这种二次污染的问题，时刻都在发生着，只是程度的不同。然而尽管我们对此有了认识，但它毕竟不象一次污染那样被我们认识得深刻。因此，在村镇规划中，必须进一步地掌握二次污染产生的规律，根据企业性质、产生结构和产品方向，根据地形、气温及阳光等自然因素，合理布局、科学建设，在防治一次污染的同时，还要着重预防二次污染的产生。二次污染物产生既与各种反应物的性质及浓度有关，也与自然界各种环境因素有关。例如与地形、阳光、温度等因素的变化有关，它们在复杂的环境中不断地发生、发展和消失。

### 第五节 土壤自净与绿色植物净化功能因素

土壤的自净作用、绿色植物（包括农作物）净化环境的功能，也是村镇环境的主要影响因素。如果村镇处于良好的自然环境之中，周围有着广袤的田野、肥沃的土壤、茂密的林木，一望无际的庄稼，处处呈现出一派山青水秀生机勃勃的自然景象，那么村镇环境容量就可以大大提高，环境的自净能力就可以大大增强，使之成为影响和防治村镇环境的有利因素，有人将土壤比作环境的"过滤器"、"肠胃"，把农作物和森林（尤其是森林）比作"空调器、消声器、绿色水库"等。这就是人类对土壤自净作用和绿色植物净化功能的生动描述。因此，在村镇规划、建设、管理，尤其是在环境保护中，必须充分认识这些环境因素，科学合理地利用这些有利的环境因素，使之为村镇环境保护作出贡献。

#### 一、土壤自净作用因素

土壤的自净作用主要包括：土壤对有害有毒物质的过滤截留、物理和化学的吸附、化学分解、生物氧化降解，以及植物和微生物的摄取等。污染物质进入土壤环境的途径，主要是通过重力沉降（如大气中的大颗粒飘尘、农药粉末等）和地面径流（乡镇工业和居民生活废水、农药等）。下面着重从污水和农药两个方面来谈谈土壤自净作用对它们的影响。

##### （一）土壤自净作用处理污水

当污水通过土壤时，土壤将污水中处于悬浮和胶体状态的物质截留下来，而在土壤颗粒的表面形成一层薄膜，这层薄膜里充满着无数的细菌，这些细菌能吸附污水中的有机物质，并且利用空气中的氧气，在好氧细菌的作用下，将污水中的有机物转化成为无机物质，这类无机物通常是$CO_2$、$NH_3$、硝酸盐和磷酸盐等。在一般情况下，这些无机物质可被植物利用，土壤中生长着的植物通过根部吸收污水中的水分和被矿化了的无机养分，并通过光合作用转化为植物体。这些植物体又不断通过植物收割，采伐而被去除。在此过程中，土壤就实现了把有害的污染物质转换成有用物质，并且使污水得到净化。

土壤在净化污水时，土壤将是一个由污水、土壤、微生物及植物等组成的生态系统。而欲发挥土壤良好的自净作用，就必须护持土壤良好的生态平衡，这是达到净化污水、保护水土资源、保护村镇环境的目的。土壤生态系统一旦遭到破坏，不仅达不到污水净化的目的，且土壤环境系统将受到污染。污染物质超过了土壤的自净能力，多余的有机物便会积累下来，使土壤孔隙堵塞，发生厌氧过程，使好氧过程受到破坏。

污水的土壤净化方式可分为三类：地表漫流。这种方式是用喷洒或其他方式将污水有控制地排放到土壤，使污水顺地面坡度成片地流动。流动过程中，一部分渗入土壤中，少量蒸发掉，其余汇集于集水沟。在这个过程中，悬浮固体被滤掉，有机物被微生物氧化降解；灌溉法。此方式是通过喷洒或自流将污水有控制地排入土壤，称为渗滤法。此方法近似于间歇的砂滤，污水大部分进入地下，小部分被蒸发掉，通常情况下，当土壤为粗砂、壤土砂或砂壤土时，效果很明显。

**（二）土壤对农药的净化**

利用土壤的自净作用处理农药污染，主要表现为农药在土壤中的吸附、迁移、降解和残留。

1.土壤对农药的吸附作用。吸附作用是指农药进入土壤环境之后，经过物理的、化学的吸附和氢键结合，配价键结合等形式吸附在土壤颗粒表面。农药被土壤吸附后，其移动性和生理毒性随之发生变化。所以土壤对农药的吸附作用，实际上就是土壤对有毒物质的净化和缓冲降毒作用，并未使化学农药得到降解。

土壤对农药的吸附作用，关系到农药在土壤中的有效性和土壤对农药的净化效果。土壤对农药的吸附力越强，农药在土壤中的有效程度越低，土壤对农药的净化效果就越明显。

2.农药在土壤中的挥发、扩散。进入土壤环境中的化学农药，在被土壤吸附的同时，还可通过气体挥发和水的淋溶在土壤中扩散迁移。农药挥发作用的大小，主要决定于农药的蒸汽压和环境温度。农药随水的迁移形式有两种：一些在水中溶解度大的农药直接随水迁移；一些难溶性农药主要附着于土壤颗粒表面进行水的机械迁移，最终流入江河水体，农药在土壤中随水迁移与农药本身的溶解度及土壤的吸附性能有关。在吸附容量小的砂土中农药易于迁移，在粘质土壤和含有机质多的土壤中不易迁移。最后还必须注意的是，农药在土壤中的挥发、迁移，虽起到了净化作用，但同时又通过迁移和挥发导致其他环境因素的污染。

3.土壤对农药的降解作用。一般情况下，农药在土壤中的降解作用主要表现在三个方面：一是光化学降解。这是指土壤表面受太阳辐射能和紫外线作用而引起的光分解现象。根据研究，由于光能被土壤强烈地吸收，使光能大量地损失掉，而且农药在土壤内还可通过其他途径分解，所以土壤中农药的光分解作用总是较微弱的。二是化学降解。化学降解是土壤中普遍存在的一种现象，许多农药往往可通过多种途径进行，但是所有的反应都是以水为媒介，水作为反应介质和反应物，或者二者兼有。在这些作用中，以水解作用与氧化作用最为常见。三是生物降解。进入土壤的农药、受到微生物的分解作用，常称为生物降解。大部分农药施入土壤中，首先对土壤微生物产生抑制作用，但随着时间的延长，微生物有一个逐渐适应的过程，当有大量的微生物繁殖出来，土壤中的农药即被降解，一直到农药完全被微生物耗尽为止。

4.农药在土壤中的残留。农药进入土壤环境后，易受各种化学、物理和生物的作用，并且以多种途径进行反应或降解，只是不同类型的农药其降解的速度和难易程度不同，因此它们在土壤中持续的时间也是不同的。

综上所述，土壤自净作用对村镇环境的影响是很大的，然而尽管如此，其作用仍然是有限的，因为其作用及效果所受的影响因素也比较多，并且有些作用之间又是矛盾的，例如挥发将又使污染物进入大气，渗滤又将使污染物可能进入水体等。因此必须维护好土壤环境，如通过增加土壤的有机物质量、砂掺粘或改良砂性土壤；也可以增加和改善土壤胶体的种类和数量，提高土壤对有毒物质的吸附能力和吸附量，达到减少污染物在土壤中的活性，发现、分离和培殖新的微生物品种，以增强生物降解作用等。上述都是增加土壤环境容量，提高土壤净化能力的主要和常用方法。

## 二、绿色植物净化功能因素

绿色植物，这里指林木、花草和各种农作物等。绿色植物不仅能生产氧气，而且具有吸收有害有毒气体、吸滞烟尘、杀灭细菌、改善和调节气候、监测环境等功能。因而对村镇环境的净化和监测都有着十分重要的作用。丰富的绿色植物是广大村镇所具有的得天独厚（相对于城市的人均占有量而言）的物质条件。村镇环境保护如能充分利用这一重要的物质条件，大力植树造林、发展林果业、保护森林植被，将是防治其环境污染的较为经济而有效的措施。

### （一）利用绿色植物净化大气环境

1.维持大气中的氧和二氧化碳的平衡。人在呼吸过程中要吸入氧气，排出二氧化碳，一切动物的呼吸也无不如此。人们在使用燃煤取暖、做饭，特别是工业燃料燃烧过程中，需要消耗掉大量的氧，同时又生成大量的二氧化碳。而绿色植物在光合作用中，需要消耗二氧化碳，同时释放出氧气。因此使整个大气中的氧和二氧化碳维持基本的平衡。

森林及其它绿色植物被誉为地球上天然的吸收二氧化碳和制造氧气的"工厂"。据估计，地球上的绿色植物每年通过光合作用可吸收$2.3 \times 10^{11}$t二氧化碳，其中森林的总吸碳量约占整个绿色植物吸碳量的70%，大气中的氧气有近60%来自于森林植被。据测定，一亩树林每天能释放出49kg氧气，能吸收67kg二氧化碳；一亩生长茂盛的草坪每天能释放出16kg氧气，能吸收24kg二氧化碳；一棵百年左右的山毛榉每天能释放出41kg氧气，能吸收56.45kg二氧化碳。根据理论推算，一个成年人一天大约要消耗0.75kg氧气，同时呼出0.9kg二氧化碳。一亩树林所产生的氧气足以满足65个成年人的呼吸。据此估计，每个人口必须平均占有10m²的树林或大约40m²的草坪，便可满足人体呼吸过程中所需补偿的氧气。然而，排放二氧化碳、吸收新鲜氧气的绝不仅仅只是人类的需要，还必须考虑到各种工业企业生产所排放出的二氧化碳和需氧量。故此，有关资料认为：每人平均拥有30～40m²的森林绿地（最佳标准为60m²），才能维持空气中氧气和二氧化碳的正常比例，保证城乡居民能经常呼吸到新鲜洁净的空气。

2.吸滞大气中的尘埃。绿色植物特别是树林对粉尘、飘尘等尘埃有极强的阻挡、过滤和吸附作用。有些绿色植物的叶片还能分泌出油脂、粘液或汁浆。还有一些植物叶片的表面长有许多绒毛，有的叶面很粗糙，有的多折皱，且凹凸不平，能有效地滞留和吸附空气中的大量飘尘，从而使大气得到净化。同时，树林枝叶茂密，具有强大的降低风速的作用，由于风速被降低，空气中飘浮的大粒灰尘便下降到地面。经过树木等绿色植物枝叶的滞留、吸附作用，空气中的含尘量可大大减少。

根据有关实测资料，一亩生长茂盛的树林，每年可以吸收各种大气飘尘20～60kg；一亩高大的树林，其叶片的总面积可比它的占地面积大75倍；一株中等大小的桦树，大约生长有20万片叶子，其叶片面积的总和可相当于二亩地的面积，能截留大量的粉尘和其它飘尘；每亩榆树的叶面，每小时大约可滞留尘埃12.5g；一亩夹竹桃叶面的滞尘能力是每小时20.8g；一亩云杉林叶面的滞尘能力为每小时36.5g；一亩松树林的滞尘能力是每小时41.1g；一亩阔叶林木（如栎类林、槭类林或栎、槭混合林）的滞尘能力可高达每小时77.6g。另据测定：在一条宽12m、高6m的刺槐萌芽林带旁，堆积降落的粉尘厚度可高达到30～80cm；一条宽36m的林带，在距林带的距离约为其树高30倍远的地方，仍能使飘尘减少30%左右；在林木葱茏的公园里，空气中的灰尘量仅为街道上空气中含尘量的1/3左右；草坪上的草叶面积比其占地面积约大20～30倍，其粗糙的叶面有很强的吸附、滞留灰尘的作用。有关资料认为，草坪的滞尘能力要比裸露的地面大70倍以上；有良好绿化的地区比没有绿化的地区，空气中的飘尘含量大约少15倍。因此，在村镇建设规划中，合理规划绿化，植树种草，科学地运用林木的滞尘作用，可有效地保护村镇大气环境。实践证明：刺槐、刺楸、白桦、木槿、广玉兰、女贞、杨树、朴树、榆树、云杉、水青风等，都不失为理想的滞尘树种。

3.吸收有害有毒气体。在植物尚未受到明显的伤害（指可能被污染的程度）的前提之下，许多绿色植物对不同有害气体具有不同程度的吸收或同化作用，故此可有效地净化大气、保护水质。

根据有关部门的研究结果，树木能够通过叶子张开的气孔吸收有毒气体，许多植物对二氧化硫有较明显的净化作用。这种净化作用从季节上来看，夏季的净化作用最强，秋季次之，冬季最差。在一天中，白天的净化作用则又优于夜间。国外有关资料认为，森林对二氧化硫的吸收量约比无林区大5～10倍；每kg柳树叶（干叶重量）每月可吸收3.2g二氧化硫；每kg干羊胡子草，每月能吸收4.5g二氧化硫；每kg桅子花叶子，每月能吸收4.5g二氧化硫；每kg石榴干叶片，能吸收7.5g以上的二氧化硫。又据测定，每ha柳杉林按20t树叶计算，每年可以吸收二氧化硫720kg；每ha柑桔林的树叶，其吸收量约为1740kg；臭椿在受到二氧化硫的污染之后，叶片中二氧化硫的含量可超出正常情况下含量的30倍；夹竹桃叶片的二氧化硫含量也可达到正常情况下的8倍左右。梧桐树对净化空气有特殊作用，在大气污染严重的地区，实测出梧桐树每一片叶片上覆盖的烟炱沉积物，最高时可高达50mg，且沉积物中尤以碳和硫的含量最高。各种植物吸收有害气体的情况见表2-7。

不仅树木能够吸收大气中的毒气，还有很多花草也具有吸毒和净化大气的能力。由表2-7可知，石竹花、鸡冠花、紫茉莉、百日草等都能吸收二氧化硫；水仙花、一串红等对有害气体氯化氢等有较强的吸收和抵抗能力。另外，生长在湖边、池塘或浅水中的水葱，可以吸收污水中约十几种含量很高的有机化合物。例如：浓度为400mg/L的酚，经过15～20d后可全部被吸收；浓度为400mg/L的吡啶，经过7～9d可全部被吸收；浓度为20mg/L的苯胺，经过15～50d后，可全部被吸收。在村镇排放的污水中养殖水生植物水葫芦，一亩水面积的水葫芦在含有银（或金、汞、铅等）的污水中，仅4d便能吸收75g银（或金、汞、铅等）。种植一个30亩的浅藻池，就可以处理一个二万人口的村镇全部居民排放的生活污水。村镇环境保护的实践证明，花、草、树木是吸烟吸毒和处理污水废物的天然"净化器"。

4.消灭空气中的细菌。许多植物的某些分泌物，具有杀灭细菌和病毒的作用，因此可减轻大气中的细菌污染和病毒传播。例如：香樟、柠檬、橙、桉树、黄连木、松树、桧树、冷杉、榆树、白桦、侧柏、野樱树等等，就能够分泌出强烈芳香的挥发性物质，如丁香酚、桉油、松脂、肉桂油、柠檬油等，这些分泌物均具有较强的杀菌作用。据测定，林区空气

| 有害物质 | 利于吸收有害物质的植物名称 |
|---|---|
| 二氧化硫 | 柳树、杉树、丁香、银杏、珊瑚树(法冬青)、乌桕、桧柏、粗榧、无花果、石榴、紫薇、棕榈、法桐、合欢、梧桐、胡颓子、印度榕、高山榕、榕树、石栗、黄槿、蒲桃、栀子花、广玉兰、米兰、夹竹桃、大叶黄杨、女贞、苦楝、臭椿、山茶花、菊花、美人蕉、月季、羊胡子草、柑桔叶、石竹花、鸡冠花、紫茉莉、百日草 |
| 氯气、氯化氢 | 构树、木槿、合欢、黄檗、印度榕、高山榕、云南榕、细叶榕、杧果、扁桃、牛乳树、蒲葵、假槟榔、鱼尾葵、夹竹桃、接骨草、大叶黄杨、紫荆、米兰、紫藤、紫穗槐、丁香、菊花、石榴、月季、水仙花、一串红 |
| 氟 | 刺槐、丁香、桧柏、柑桔、石榴、臭椿、女贞、泡桐、梧桐、大叶黄杨、夹竹桃、海桐、无花果、菊花、月季 |
| 臭氧 | 银杏、柳杉、悬铃木、樟树、海桐、青冈栎、女贞、夹竹桃、连翘、松林 |
| 光化学烟雾 | 枇杷、银杏 |
| 苯 | 喜树、梓树、接骨木 |
| 汞 | 棕榈、樱花、广玉兰、腊梅、紫薇、夹竹桃 |
| 醛、酮、醚 | 加拿大杨、槭树、桂香柳 |

中细菌的含量仅为繁华闹市区商场的八万分之一；绿化区域与没有绿化的光秃的城区街道相比，每m³大气中的细菌含量要少85％以上。某研究所在南京地区实测得，对于每m³空气中的细菌数目而言，绿化较差的中华门火车站为49700个，没有绿化的马路上为44050个，绿化较好的马路上为24480个，在中山公园中已减少到1046个，柏树林中减少到747个，而松树林中仅为589个细菌。

据有关资料估计，全球的森林每年要散发出大约$1.75 \times 10^4$亿t芳香植物素；1ha桧柏林或杜松林，一昼夜大约能分泌出30～60kg植物杀菌素，这些杀菌素均匀地扩散到树林周围两公里远的空间，能杀灭随着尘埃飘浮在空气中的白喉、结核、伤寒、痢疾杆菌等病菌和一些病毒。也就是说，这么多的植物杀菌素足以能够消灭一个普通城镇空气中的细菌和病毒；一个50m宽，生长30a的杨树、桦树混交林地流出的水中，细菌的含量比不经过林区地带流出的水体中要低90％；经试验，白皮松、柳杉的分泌物，能在短短的8min内把细菌杀死，悬铃木（法国梧桐）的叶片捣碎后，能在3min内杀死病原菌，地榆根的分泌物接触到细菌后，能在1min内杀死细菌，质量为0.1g的稠李的冬芽捣碎后，可在1min内杀死苍蝇。所以人们常常将林木称为天然"杀菌剂"和"消毒器"。

**（二）利用绿色植物保持水土**

环境保护实践证明，森林、草场及草坪等具有很大的保水能力，它们能促进大气水、地面水及地下水的正常循环，起着涵养水分、减少和节制地面水的径流、防止土壤侵蚀、保护土壤养分和水土流失的多种重要作用。水土流失是从雨点打击地面形成径流开始的，而森林通常具有多层结构，上有乔木、下有灌木、地面有青草、苔藓，由此组成了多层次的绿色屏障，能较好地覆盖地面，能有效地阻止雨点直接打击地表面，减小打击的速度和能量，减轻对地面土壤的破坏。当大雨降落时，参差的树冠和枝叶能起到拦截、阻滞作用，形成第一次水量平衡和分配，雨量一般被截留20％以上。约80％的雨水降至地面后，地面上枯枝败叶形成松软的腐殖土层，蚯蚓以及土壤微生物把有机物分解为肥力颇高的腐殖质，使地面土壤成为具有毛细管作用的团粒结构，加上森林具有强大的根系，都十分有利于水分的渗透，因此雨水在地面进行第二次水量平衡和分配，对雨水能截留5～10％。而团粒土壤的渗透作用，比普通土壤的渗水能力要高出几倍到数十倍，可将更多的地表水转换成地下水，这就有可能使土壤的渗水量大于降水量（在雨量不太大的前提下），在地表不致形成径流或使径流减弱，从而达到保持水土流失和养分的目的。

有人测定，一亩树林地的蓄水量比一亩无树林地至少要多出20m³；1ha树林地的沙土流失量仅为50kg，而在同等条件下，无林地的沙土流失量竟高达2200kg，两者相差44倍之多。四川省安县某乡镇，森林覆盖率为70％，有人一次测定，在84h内曾经连续降雨678mm，而森林拦截的雨水量竟为450mm，占总降雨量的66.32％，可见森林草地的蓄水能力是十分明显的。1975年8月，河南省驻马店地区连续3d降雨近1000mm，上游及库区周围森林覆盖率仅为20％的板桥和石漫滩两水库，因泄洪不及使大坝决口，造成巨大损失。而形成鲜明对照的是，上游及库区周围森林茂密的薄山水库和东风水库，充分发挥了森林的作用，安全地度过洪峰，避免了巨大的损失。又据有关资料，松花江有一个容量为107亿m³的丰满水库，到建库27a时，淤泥量仅占1％。但黄河三门峡水库容量为7.7×10⁹m³，比丰满水库的容量少3.0×10⁹m³，仅从1958年到1973年15a的时间，淤泥量竟高达4.5×10⁹m³，占58.4％。产生这两个结果的根本原因是，松花江丰满水库的上游长白山地区覆盖着茂密的原始森林，而三门峡水库的上游却是"赤地千里，林木奇缺"的黄土高原。四川省西昌的东西河地区，绿化以前水土流失十分严重，植树造林后，现在山上绿树成荫，郁郁葱葱，形成了良好的生态环境，使本地区的洪水量大约减少了1/3，水体中泥沙含量减少了70～80％。因此，在村镇环境规划中，植树造林，种花养草，不仅有利于水土保持，而且对于保护淡水资源也有非常重要的作用。为此，世界上不少国家一方面大力利用速生树种营造水土保护林，同时又很注意从已有的森林中划定水土保护林及水源涵养林，并且注意绿化造林的近期建设与长远规划，严禁乱砍滥伐森林，严禁破坏草地植被。

（三）利用绿色植物调节气候

植树造林，种花种草，能够调节气候，这一点已越来越为村镇环境保护工作者所认识。绿色植物为什么能够调节气候呢，我们知道，因为绿色植物特别是森林树木有浓厚的枝叶或树冠，它们都具有较强的吸收和反射太阳光线的作用。就树木来说，当阳光直射到树冠时，一般有20～25％的热量反射回天空，有35％的热量被树的枝叶吸收。同时，森林的蒸腾作用需要吸收大量的热量。据测定，每ha生长茂盛的森林，每年可向大气中蒸发8000t水，而蒸腾这些水分要消耗掉大量的热量，这就必然会降低森林内部和森林上空的温度，改善了局部地区的小气候。有人通过实测得出，在盛夏季节，约500m的高空范围内，树林地区上空与无树林地区上空的气温相比，有树林地区上空的气温要低8～10℃；绿化不好的露天城区气温高达35℃的时候，绿化良好的树荫之下阴影地区的气温却只有22℃左右。另一方面，由于森林内部湿度大，热容量也大，而且空气流动缓慢，紊流交换一般较弱，温度变化缓慢，所以在冬季，有时林区的气温却又要高出无林区的2～4℃，使森林地区的气温冬暖夏凉。故此，环境保护工作者们常称之为"绿色空调器"。

草地也有防暑降温，调节气候的作用。有人在某年的七月上旬的正中午，对上海市区的部分地面进行实地测量，结果发现，水泥地坪的温度为56℃，一般泥土地面为50℃，树荫下的土地面为37℃，而树荫下的草地面温度则只有36℃。

树木的根系能够吸收土壤中的水分，通过叶面蒸腾到大气中，增加了大气的湿度，这就有效地调节了当地的气候，往往使林区的雨雾增多。据测定，在夏季的森林里，空气的湿度比城市要高38％，公园中的湿度比城市其他地方高27％。在冬季，绿地里的风速较小，土壤和草木蒸发的水分不易扩散，绿地内的相对湿度要高于非绿化地区10～20％，降雨量也有所增加。在干旱地区的护田林带可使农田的空气相对湿度提高10～15％，使土壤有效水分含量增加22～47mm，护田林带还能提高农作物的产量和质量。据科学研究，一个国家或地区，若森林覆盖率达到30％以上，而且分布均匀，就能够对该国家或地区的自然环境和人们的生产、生活环境起到有效的调节和保护作用，其生态环境就比较优越，农牧业生产就能稳定地发展。因此，大力植树造林是村镇建设中一项十分重要的工作，植树造林就是蓄水、保土、调节气候，创造和保护优美村镇环境的有力措施。

### （四）利用绿色植物控制噪声

随着工业的发展，噪声危害已愈来愈严重，目前已被认为是一种极为严重的环境污染因素。噪声轻则使人疲倦乏力，干扰和影响人们的学习、工作和休息，重则危害人的身体健康，使人患头痛、头昏、神经衰弱、听力衰退、高血压、心脏病、胃溃疡等疾病，使人容易发怒，精神分散，甚至耳聋、严重时甚至死亡。

在村镇环境保护中，茂盛青翠的树林和绿茵茵的草地都有大大减轻噪声污染的作用。树林和草地之所以能够减轻噪声的干扰和危害，这是因为，声音是以波的形式传播的，而声波传播到树木或草坪时，由于茂密的枝叶和草茸，能够削弱波的传播能量，阻碍声波前进。声波传送到树叶或草茸上时，一部分被反射，一部分被吸收，其余的继续传递。据有关资料，由于树叶表面的气孔和绒毛，好象多孔的纤维吸音板一样，能把声音吸收约1/4左右，特别是厚而多汁的树叶，其吸音效果更佳。

关于树林的吸声作用，有人曾测定，噪声通过18m宽、由两行桧柏和一行雪松构成的林带后，减少了16dB，这比同距离的空旷地自然衰减多10～15dB；公园里成片的树林可降低噪声26～43dB，绿化良好的街道比没有绿化的街道可减少噪声8～10dB；在公路两旁各种植10m宽的乔、灌木搭配的林带，可以减少噪声一半；如果在街道两旁能有一条5～7m宽的防噪声林带，就可以大大减轻机动车噪声的干扰。

花草和草坪也可吸收一部分噪声。据有关资料，如果城镇居民每人平均有草坪20m²，城镇的环境就会变得清新恬静，适宜于人们生产和生活。因此，在村镇环境建设中，若能在街道两旁、住宅周围栽树种草，就能有效地降低噪声的干扰，创造出一个幽静舒适的村镇环境。

### （五）利用绿色植物监测大气环境

自然界里有许多植物对大气污染非常敏感，有一些植物，尽管污染微弱到尚不为人们所觉察，甚至连某些仪器还不能报告的情况下，就能产生反映，这些反映通常是叶面上出现某些被污染的症状。环保工作者根据这些症状，就可以直观地判断出本地区环境污染的基本情况如污染物质、污染程度等，这就是绿色植物监测大气环境的作用。这种作用主要表现为以下几点。

1. 报告人所难以察觉的污染。绿色植物在受到有害物质的污染后，通常出现的症状就是花朵萎缩、叶片呈斑点、枝茎枯黄等等。一旦出现这些症状。环境保护工作者不仅心中有数，而且应尽快采取防治污染、消除污染的措施。利用反映敏感的植物监测环境污染，是一种方法简单、使用方便、成本低廉、预报及时，而且适宜于开展群众性的环境监测活动。实用中有些工厂根据植物的受害症状，及时发现了管道的跑、冒、滴、漏等现象，并及时采取有力措施，控制了污染的继续蔓延，取得了较为理想的效果。

2.根据植物叶片受害特征判知污染物种类。对于不同的污染物，伤害叶片的斑痕往往出现于不同的部位或出现不同的症状，据此可大体上对其污染物质进行判断。例如，受二氧化硫污染所引起的斑痕通常都出现在叶脉之间，且斑痕区与健康组织之间界限较分明。受氟化氢污染所引起的斑痕通常发生在叶尖或叶片边缘。且斑痕与健康组织之间有一条红色或深褐色的边界线。受氯气伤害症状虽也多出现在叶脉之间，但斑痕与健康组织之间通常比较模糊或有一个过渡。受臭氧的伤害，大都是在叶片上出现相当密集的斑点。不同污染物对植物叶片伤害的症状见图2-15。

然而，在实践中也必须注意，由于气温、水质、病虫害等自然灾害也可能引起类似的症状。故在实际判定时，还应根据实际情况，作具体的、实事求是的调查分析，避免盲目性和片面性，才能收到良好的预测效果。

3.依据植物受污染的轻重判定当地的污染程度和污染物质的分布。实践证明，当污染严重时，植物叶片受害面积大，伤斑明显。也就是说，受害植物叶片的污染物含量与其受

不同植物对大气污染的抗性　　　　　　　表 2-8

| | 抗　性　强 | 抗 性 中 等 | 抗 性 弱 |
|---|---|---|---|
| 二氧化硫 | 臭椿、女贞、旱柳、中国槐、构树、洋槐、栾树、桑树、丁香、冬青、枳壳、夹竹桃、沙枣、海桐、大叶黄杨、桧柏、银杏、苦楝、法桐、柑桔、棕榈、印度榕、合欢、小叶青岗、栎树、小叶榕、人心果、蝴蝶果、芒果、玉米、芹菜、黄瓜、葫芦、土豆、香瓜 | 五角枫、木槿、柳树、黄连木、刺柏、白蜡、葡萄、冷杉、南蒲桃、海南红豆、聚果木、米老牌 | 杨柳、泡桐、棠梨、苹果、香椿、文冠果、华山松、红苋木、铁力木 |
| 氟化氢 | 冷杉、旱柳、丁香、洋槐、桧柏、红柳、沙枣、大贞、大叶黄杨、柑桔、百日红、梧桐、向日葵、美人蕉、篦麻、烟草、樱桃、李、南瓜、辣椒、棉花、月季、菜豆、拐枣、油茶、垂柳、乌桕 | 青岗、五角枫、泡桐、刺槐、棠梨、法桐、柳树、砀山梨、青香蕉、苹果、金帅苹果、桃、兰桉、滇杨 | 杨树、刺柏、核桃、臭椿、白蜡、葡萄、杜仲、白皮松、华山松、软枣 |
| 氯　气 | 黄杨、女贞、海桐、臭椿、合欢、柑桔、棕榈、夹竹桃、青岗栎、广玉兰、板栗、橛栗、麻栗、天竺葵、印度榕、梓叶树、人心果、海南红豆、蒲桃、牛乳树、蝴蝶果、桂花、九里香、酒金榕、茄子、玉米、烟草 | 洋槐、柳树、构树、苦楝、刺槐、胡颓子、菩提榕、华南朴、含笑、阿珍榄仁、柯甫木、黄檀、榄仁树 | 法桐、杨柳、梨树、刺柏、白蜡、软枣、杜仲、棠梨、油松、孔雀豆、钝叶梓、山指甲、黄花夹竹桃、白楸、珊瑚树、夜来香 |
| 臭　氧 | 银杏、青岗栎、天竺桂、柳杉、胡椒、唐昌蒲、海桐、薄荷 | | |
| 过氧酰基硝酸盐 | 萝卜、棉花、高粱、洋葱、玉米、杜鹃、黄瓜、秋海棠 | | |

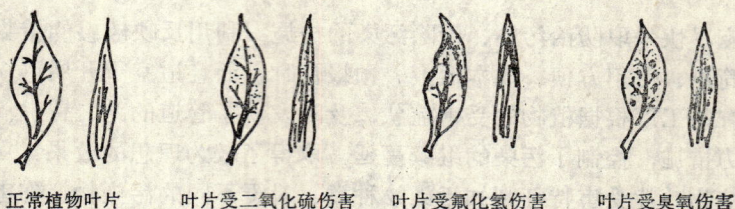

正常植物叶片　　叶片受二氧化硫伤害　　叶片受氟化氢伤害　　叶片受臭氧伤害

图 2-15　不同污染物对植物叶片伤害症状

害程度大体上是一致的，而受害程度与当地的污染程度也基本上是一致的。据有关资料，南京植物研究所用金荞麦作为敏感植物对环境进行监测和评价，所得到的污染物如氟和硫浓度的变化曲线与使用仪器监测的结果非常接近。

4.根据植物受害程度估计大气污染对农田造成的损失。前面已谈到，大气污染的程度，与植物受污染后引起症状的轻重有明显的一致性。故可以通过农作物受害的程度和面积大致判断出，大气污染对当地农业造成的损失。

5.根据植物对大气污染的敏感程度可筛选出抗大气污染的植物品种。乡镇工业规模一般不大，但点多、面广、产业结构比较复杂。如果农业安排不合理，既不利于环境保护，又不利于发展农牧业。然而，若能筛选出适合于在某些企业附近种植的树种或农作物品种，则既有利于企业的污染治理、村镇绿化、环境保护，又利于本地区农牧业的发展。不同植物对大气污染的抗性见表2-8。

## 练 习 题

1.村镇环境的主要因素有哪些？

2.什么是污染系数？它表示的是什么意思？

3.什么是逆温？出现逆温现象会产生什么严重后果？

4.某乡砖瓦厂，已知一烟囱高度为80m，烟气排出时（即在出口处）的速度是10.5m/s，烟气的温度为418K，烟囱附近大气的温度为290K，地面上10m处平均风速为4m/s，试求算烟气的抬升高度。

5.一座45m高的烟囱，已测得二氧化硫排放量为150g/s，地面上10m处平均风速为3.5m/s，烟气出口速度10m/s，烟气和周围空气温度分别为388K和288K，求在中性气象条件下，地面将出现的二氧化硫最大浓度$C_{max}$及该点距烟囱的距离$X_{max}$。

6.水体自净作用主要包括哪几个方面？

7.绿色植物净化功能主要表现在哪几个方面？利用绿色植物净化大气环境，通常有哪几个方面的作用？

8.试联系村镇建设和环境保护工作的特点，谈谈自己将来在规划、建设、管理工作中，如何重视和保护大气、水体、土壤及绿色植物等自然环境。

# 第三章 村镇环境的污染和危害

村镇中的居民在生产活动和生活活动中，利用和消耗着大量自然资源、生产资料和日常生活用品等，同时也相应地产生了大量的废弃物，当其排放量超过环境的净化能力时，就会造成村镇环境的污染和破坏。

村镇环境的污染和破坏是多方面的，内容和形式也多种多样。按受污染的范围可分为大气污染、水体污染和土壤污染三个主要部分。按污染作用的性质、形态可分为物理性的（声、光、热、辐射等）、化学性的（有机物、无机物等）和生物性的（霉素、病菌、细菌等）污染物。

## 第一节 大气污染与危害

空气是自然环境的重要组成部分，是人类及一切生物呼吸和进行物质代谢所必不可少的。清新的空气有益于人类及各种生物的生长发育。有资料表明：一个成年男子，每天平均吸入15kg空气，比每天摄入食物的10倍或饮水的6倍还多。人离开空气5min内就可死亡。植物离开空气就无法进行光合作用。空气的成分比较复杂，未被污染的大气成分见表3-1。

清 洁 的 大 气 成 分

表 3-1

| 气 体 名 称 | 符　　号 | 在大气中所占的体积百分数（%） | 按重量在大气中的百分数（%） |
|---|---|---|---|
| 氮 | $N_2$ | 78.09 | 75.52 |
| 氧 | $O_2$ | 20.95 | 23.15 |
| 氩 | Ar | 0.93 | 1.28 |
| 二氧化碳 | $CO_2$ | 0.03 | 0.04 |
| 氖 | Ne | 微　　量 | |
| 氦 | He | 微　　量 | |
| 甲　烷 | $CH_4$ | 微　　量 | |
| 氪 | Kr | 微　　量 | |
| 氢 | $H_2$ | 微　　量 | |
| 氙 | Xe | 微　　量 | |

所谓大气污染，是指由于人类的各种活动向大气排放的各种污染物质，其数量、浓度和持续时间超过环境所能允许的极限时，大气质量发生恶化，使人们的生活、工作、身体健康以及动植物的生长发育受到影响和危害。

### 一、村镇主要大气污染物及来源

大气污染物的种类繁多，性质也很复杂，但对环境影响较大的不过几十种。这些污染物主要来自燃料的燃烧、乡镇企业的废气、汽车和拖拉机的尾气、以及居民日常生活炉灶等。

当前，在大气环境中，影响最大的污染物有粉尘、硫氧化物、氮氧化物、一氧化碳和光化学烟雾五种。

## （一）粉尘

粉尘是排入大气的细小固体颗粒，根据其粒径的大小通常可分成落尘（亦称降尘）和飘尘。落尘颗粒较大，数量多，在空中停留时间短，一般粒径在10μm以上的粉尘，由于重力作用，能很快降落到地面。落尘即通常人们所看到的黑烟，它多属于燃料燃烧不完全所产生的小碳粒。大气的降尘量是大气污染状况的重要指标之一。在环境监测中，可根据大气降尘量的多少，判断大气受污染的程度。表3-2为美国降尘量与大气污染程度的判断标准。

**降尘量与大气污染程度的判断标准**

表3-2

| 大气污染程度 | 降　尘　量<br>（t/km²·月） |
| --- | --- |
| 轻度污染 | 0～30 |
| 中等污染 | 20～40 |
| 重度污染 | 40～100 |
| 严重污染 | ＞100 |

飘尘的粒径在10μm以下，其中相当大一部分比细菌还小，能在大气中长时间飘浮。飘尘中通常含有多种金属化合物，能吸附大气中的二氧化硫和二氧化氮，并促使其转化成硫酸雾和硝酸雾，还能与大气中的液体微粒结合成气溶胶。粒径小于5μm的飘尘可直接进入人的肺部，对人体健康危害较大。我国大气卫生标准规定飘尘的日平均最高容许浓度是0.15mg/m³，其中一次最高容许浓度是0.5mg/m³。

粉尘主要来自燃料燃烧过程中产生的废弃物。对于一般燃烧装置来说，原煤燃烧后约有原重量的10%以上废弃物，以烟尘形态排入大气，矿物油燃烧后约有原重量的1%以烟尘形态排入大气。此外，固体物料在开采、运输、筛选、碾磨、加料或卸料等机械处理过程中，也会产生大量粉尘。

产生粉尘污染的乡镇企业主要有水泥、石灰生产、矿业、冶炼、粮食及食品加工、砖瓦窑和石棉生产等。

## （二）硫氧化物（SO_x）

硫氧化物主要指二氧化硫（$SO_2$）和三氧化硫（$SO_3$）。二氧化硫又名亚硫酸酐，是一种无色不燃的气体，具有强烈辛辣窒息气味。硫氧化物主要由燃烧含硫的煤和石油等燃料和采用各种含硫原料的工艺过程所产生的。一般情况下，1t原煤中含硫磺约5～50kg，1t石油中含硫磺约5～30kg。在燃料燃烧时，可燃性硫磺被氧化成为两倍于硫磺重量的二氧化硫排入大气中。因为绝大多数企业都需用煤或油作燃料，所以硫氧化物的来源十分广泛。其中以火力发电、有色金属冶炼、石油炼制、焦化等最为普遍。此外，硫酸制造、硫磺精制、造纸等行业也要排放大量的二氧化硫。以有色金属冶炼为例，每生产1t铜，便会随烟气排出2t硫磺；每生产1t铅就要排出0.3t硫磺；每生产1t锌，也会排放0.6t硫磺。上述排硫量均指硫磺重量，如果以二氧化硫计算，其重量还要增加一倍。由此可见，燃料燃烧是硫氧化物的主要来源。村镇中的居民炉灶，由于烟囱较低，居住密集，且燃烧不彻底，因此居住区中产生的二氧化硫的数量也是可观的。

## （三）氮氧化物（NO_x）

氮氧化物的种类很多，包括一氧化氮（NO）、二氧化氮（$NO_2$）、三氧化二氮

（$N_2O_3$）、氧化氮（$N_2O$）、四氧化二氮（$N_2O_4$）和五氧化二氮（$N_2O_5$）等多种化合物。但主要的是一氧化氮和二氧化氮，它们是常见的大气污染物。高浓度的氮氧化物呈棕黄色、当工厂烟囱排出大量氮氧化物气体时，好似一条腾空的黄色巨龙，人们称其为"黄龙"。氮氧化物污染不仅它们本身会危害人群健康，而且还通过生成光化学烟雾等二次污染物污染大气，而光化学烟雾的危害更大。

大气中氮氧化物污染主要来源于各种矿物燃料的燃烧过程中，如汽车、拖拉机及各种内燃机的燃烧过程，其中以汽车尾气的污染最为严重。因此，在人口较集中，又拥有大量机动车辆或过境穿越车辆较多的村镇，对由汽车产生的氮氧化物以及由此导致的光化学烟雾污染应引起人们足够的重视。

有些乡镇企业生产过程中也排放氮氧化物，主要来源于硝酸制造厂、氮肥厂、炸药制造厂、花炮制造厂、染料厂等。据介绍，硝酸制造厂向大气排放的废气中一氧化氮浓度可达0.1～0.69％。

### （四）一氧化碳（CO）

一氧化碳就是人们俗称的煤气，它是一种无色、无嗅的有毒气体，化学性质稳定，在空气中不易与其他物质发生化学反应，不溶于水，吸湿性差，所以大气中的一氧化碳很难被雨水冲刷降落到地面，而是长期停留在大气中，一般可长达2～3a之久。

一氧化碳的人为污染源主要是煤和石油的燃烧、石油炼制、钢铁冶炼、固体废物焚烧等。一氧化碳的自然污染源主要是森林火灾、海洋和陆地生物的腐烂分解等过程。随着煤和石油产量的增加及大量消耗，一氧化碳对大气的污染日益严重。例如，工业锅炉每燃烧1t煤，大约可产生1.4kg一氧化碳；一辆行驶中的汽车，每小时可产生一氧化碳1～1.5kg。据1970年不完全统计，全世界由人为污染源向大气排放的一氧化碳的总排放量达3.71亿t。其中汽车废气的排放量就占2.37亿t，约占64％。由此可见汽车尾气是一氧化碳的主要来源。一氧化碳的排放量在世界主要有毒大气污染物中居首位。

### （五）光化学烟雾

光化学烟雾是汽车和工厂烟囱排出的氮氧化物和碳氢化合物，经太阳紫外线照射而生成的一种毒性很大的、不同于一般废气的浅蓝色烟雾。它属于氧化型的二次污染物。其成因是二氧化氮在太阳紫外线照射下发生分解，生成一氧化氮和原子氧，原子氧迅速与空气中的氧反应生成臭氧，臭氧再与碳氢化合物作用，发生一系列反应，产生了臭氧、过氧乙酰硝酸酯、醛类和多种复杂的化合物，统称为光化学氧化剂，其中臭氧占90％左右，由此产生的蓝色烟雾称为光化学烟雾。汽车尾气是产生光化学烟雾的主要根源，1000辆汽车每天约排出碳氢化合物200～400kg，氮氧化合物50～150kg。例如世界著名的公害事件之一的美国洛杉矶光化学烟雾事件，就是因为该市有250多万辆汽车，每天向大气排放大量碳氢化合物和氮氧化物，而且地处盆地，阳光充足所造成的大气污染。此外，大型石油化工厂和氮肥厂的废气中也含有大量的碳氢化合物和氮氧化物，如果规划管理不当，再加上不利的地形条件和充足的日照条件，也极易产生光化学烟雾。

## 二、大气污染的危害

### （一）大气污染对人体的危害

大气污染对人体健康的影响和危害，与大气污染物的种类、组份、浓度、持续时间，以及污染物的输送、扩散、稀释条件有密切关系，此外，还与人体的敏感性和抵抗力有关。

大气污染物危害人体健康，通常有三个途径。第一是表面接触，污染物直接触及皮肤、粘膜、眼膜，在局部或全身造成危害。第二是食入含有大气污染物的食物，引起某些疾病。第三是吸入被污染的空气，这是对人体危害最大的一种途径，因人每时每刻都离不开空气，而呼吸道粘膜对大气污染物又特别敏感，并且具有很大的吸附能力。

由于大气污染对人体健康产生的影响通常表现在以下三个方面：

1. 急性中毒或死亡。当大气污染严重时，会使人们引起急性中毒，出现急性症状，甚至在几天之内就能夺去成百上千人的生命。大气污染引起的急性中毒事件，自然因素造成如1986年喀麦隆尼奥斯火山湖喷发毒气，造成至少2000人死亡；人为因素造成的如印度的博帕尔惨案，1984年12月3日，美国跨国公司联合碳化物公司在印度博帕尔市开办的一家农药厂储气罐阀门失灵，罐内的剧毒化学物质——异氰酸甲酯漏了出来，发生了一起严重的毒气泄漏事故。短短几天内就有2500人丧失了生命，12.5万人不同程度地遭到毒害，估计将有10万人终身致残。再如1952年12月5日至8日，在英国伦敦发生的一起骇人听闻的大气污染事件。当时正值低气压，市区烟气不能上升，扩散稀释速度缓慢，造成严重大气污染，使大气中的二氧化硫和烟尘以及酸雾进入人体肺部，引起咳嗽、喉痛、呕吐、继而发生支气管炎、冠心病、心力衰竭、肺气肿等症状。结果在4d之内死亡4000人，事过两个月后又死亡4000人。这就是举世闻名的伦敦烟雾事件。

2. 慢性疾病状态。在低浓度大气污染物的长期作用下，能使人体慢性中毒，从而降低其机体的抵抗能力，极易诱发疾病，如慢性支气管炎、支气管哮喘、肺气肿、喉痛、咽炎、鼻炎和红眼病等。如举世闻名的日本四日市哮喘病公害事件。

3. 致癌作用。随着现代化工业的发展，大气中致癌物质的种类日益增多，据卫生部门调查，有致癌作用的大气污染物有多环芳香烃及其衍生物，砷、镍、铬、氟等无机物和某些放射物质。从污染大气的煤烟、沥青烟、汽车尾气和沥青路面的灰尘中，都可分离出致癌物苯并（a）芘。苯并（a）芘与肺癌的发生关系研究的报告很多，美国Carnow等分析了一系列有关肺癌流行病学调查资料，认为大气中苯并（a）芘浓度每增加0.1μg/100m³，肺癌死亡率就相应升高5%，有明显的相关关系。香烟的烟雾中含有苯并（a）芘，吸烟可诱发肺癌，吸烟者吐出的香烟烟雾污染空气。

大气污染急性中毒死亡事件毕竟是少数，大气污染对人群健康的危害，主要表现是慢性中毒和潜在的致癌病变。大气污染物对人体健康的影响见表3-3。

**（二）大气污染对植物的危害**

大气污染物浓度若超过植物所能忍受限度时，植物细胞和组织器官就会受到伤害，生理功能和生长发育受阻，产量下降，质量变坏，甚至造成死亡。据介绍，山东省临沂、济南地区，1972年至1982年间，发生9起大气污染事故，减产粮食60万kg，蔬菜7.5万kg，农业损失32万元。其中，1973年山东临沂苏北二〇三农药厂的氟气，污染田庄大队小麦、水稻、林木45ha，致使粮食减产85%，损失粮食6.8万kg。

大气污染对植物的危害，分为可见性伤害和不可见伤害。

可见性伤害是由于植物茎叶吸收较高浓度的污染物质或长期暴露在被污染的大气环境中而出现的可以看见的受害现象。大气污染物对植物的可见性伤害又可分为急性和慢性两

| 污 染 物 | 对 人 体 健 康 的 影 响 |
|---|---|
| 烟 雾 | 视程缩短、导致交通事故、慢性支气管炎 |
| 飞 尘 | 阳光不足、令人讨厌、血液中毒、尘肺、肺感染 |
| 二氧化硫 | 刺激眼角膜和呼吸道粘膜、咳嗽、声哑、胸痛、支气管炎、哮喘、甚至死亡 |
| 二氧化氮 | 刺激鼻腔和咽喉、胸部紧缩、呼吸急促、失眠、肺水肿、昏迷、甚至死亡 |
| 一氧化碳 | 头晕、头痛、恶心、四肢无力、还可引起心肌损伤、损害中枢神经、严重时导致死亡 |
| 氟化氢 | 刺激粘膜、幼儿发生斑状齿、成人骨骼硬化 |
| 硫化氢 | 刺激粘膜、导致眼炎或呼吸道炎、头晕、头痛、恶心、肺水肿 |
| 氯 气 | 刺激呼吸器官、支气管炎、量大时引起中毒性肺水肿 |
| 氯化氢 | 刺激呼吸器官 |
| 氨 | 刺激眼、鼻、咽喉粘膜 |
| 气溶胶 | 引起呼吸器官疾病 |
| 苯并芘 | 致 癌 |
| 臭 氧 | 刺激眼睛、咽喉、呼吸机能减退 |
| 铅 | 铅中毒症、妨碍红血球的发育、儿童记忆力低下 |

种。受高浓度大气污染物袭击时，短期内即在叶片上出现坏死斑，称为急性伤害；农作物长期与低浓度污染物接触，使生长受到阻碍，发育不良，出现失绿、早衰等现象，称为慢性伤害。

不可见伤害是由于植物吸收低浓度污染物质而使生理、生化方面受到不良影响。虽然叶片表面没有明显的受害症状，但植物会造成不同程度的减产，或影响产品的质量。

大气污染物种类繁多，对植物的伤害症状各异，其中对植物影响和伤害较大的是二氧化硫、氟化物、氧化剂等。有关大气污染物质对植物的危害见表3-4。

**（三）大气污染的其它危害**

上面已经讨论了大气污染物质对人类健康的危害、对农作物和植物生长发育的影响及其造成的经济损失。除此之外，大气污染还能使受害地区的土壤逐渐酸化、水体质量变劣、损坏建（构）筑物、腐蚀机器设备、沾污或腐蚀家用电器、家具及衣物等。

1.土壤酸化。大气中的硫氧化物、氮氧化物和碳的氧化物等，遇降雨或大气中的水蒸汽即可形成酸雨。酸雨降落到地面后，能在土壤中蓄积，使土壤酸化，进而影响植物的生长。

2.污染水质。乡镇企业生产和居民生活中排放的烟尘不但可污染大气环境，而且其中的各种重金属及其氧化物，还能通过降雨、降雪或随风飘扬落入地面水体，造成地面水体污染，使其失去使用价值。

3.损坏建（构）筑物。大气中的粉尘、酸雨等污染物质，对建筑物及构筑物也能产生破坏作用。如随风飘扬的粉尘，能对各种建筑物、构筑物产生磨损破坏；大气中的酸雨能

| 污 染 物 | 伤害植物的一般症状 | 受害植物的种类及典型症状 |
|---|---|---|
| 二氧化硫 | 叶脉间出现点状或斑状伤斑，一般色淡，边缘较明显，叶片失绿，枯焦，早期脱落 | 禾本科植物如稻、麦叶尖呈色条斑，豆科和百合科中葱、蒜、韭菜叶片上呈黄色斑块，茄科中茄子、蕃茄叶面呈较深色斑，榆树叶呈浅绿色，桐树呈褐色 |
| 氟化氢 | 叶尖叶缘呈伤斑，由黄白变淡褐至褐色，严重时坏死。受害组织与健康组织间有明显界限带 | 稻、麦类失绿，杏、桃叶片全失绿，蕃茄叶片呈土褐色，棉花叶片呈浅土褐色，荞麦、甘薯、玉米等作物呈轻微受害症状 |
| 氯气或氯化氢 | 叶尖黄白化，渐及全叶，伤斑不规则，边缘不清晰，呈褐色。妨碍同化作用，乃至坏死 | 玉米呈浅褐色或棱状斑，杨树叶呈褐、卷曲或焦枯，菠菜叶面出现黄斑、稍卷曲。所有植物均可受害 |
| 氨 气 | 伤斑枯焦、穿孔 | 杨柳叶片呈土黄色坏死，似干枯裂，手触即脱落，叶面凹凸不平。多数植物均可受害 |
| 酸 雾 | 落叶、枯死、生长缓慢 | 大麦、豌豆、棉花、水稻均可受害 |
| 乙 二 胺 | 叶片干，脆裂，色淡 | 杨柳树叶片呈土黄色，生长缓慢 |
| 焦油、沥青、蒸汽 | 叶片黄白化，出现伤斑 | 对所有植物有害，特别对黄瓜、豆类、马铃薯危害明显，不适于食用 |
| 飞尘煤烟 | 妨碍光合作用，叶片有坏疽点 | 大麦可产生污点坏疽，产生类似二氧化硫对植物的危害症状 |

对建筑物及构筑物表面产生腐蚀作用，久而久之，将会造成建筑物的严重破坏。

4.腐蚀机器设备。大气中的酸雾能严重地腐蚀机器设备（包括家用电器）和各种金属结构的构筑物。

5.沾污或腐蚀衣物。大气中的粉尘、酸雾等污染物质，可污染甚至腐蚀衣物。

6.危害家禽、家畜。大气污染物不仅危害人体及植物，还会影响家禽、家畜等动物的正常生长发育。一方面，动物呼吸了有毒有害气体，会诱发多种呼吸系统疾病；另一方面，由于植物受污染，枝叶、果实、种子含有有毒物质，也会间接地对动物产生危害。据国外有关实验结果表明，用含有一定浓度氟的污染饲料长期喂养奶牛，不仅发现奶牛的牙齿出现斑点和骨骼发生变化，而且出现明显氟中毒症。另外，用含氟的桑叶喂蚕，结果蚕发育不良甚至不做茧。

7.传播细菌。在一些采用污水灌溉的地区，由于喷灌时约有千分之五的污水变为粒径在 $0.5 \sim 12 \mu m$ 的飞沫和气溶胶，使污水中的多种病原微生物也随之悬浮在大气中，成为传播疾病的媒介。

## 第二节 土壤污染与危害

土壤是位于陆地表面具有肥力的疏松层次，它具有独特的组成成分、结构和功能。土壤由矿物质、有机质、水分和空气四种物质组成。所以土壤是一个十分复杂的系统。

土壤的本质特性，一是具有肥力，即具有供应和协调植物生长所需要的营养条件（水分和养分）和环境条件（温度和空气）的能力；二是具有同化和代谢外界输入的物质的能力，输入物质在土壤中经过复杂的迁移转化，再向外界输出。土壤的这两种能力或功能往往是相辅相成的，所以土壤是一项宝贵的自然资源。

土壤污染是环境污染的重要组成部分。由于土壤的组成成分、结构、功能、特性以及土壤在环境生态系统中的特殊地位和作用，使得土壤污染既不同于大气污染，也不同于水体污染，而且比它们要复杂得多。土壤是植物特别是农作物的主要生活环境，土壤污染的影响涉及到人类的各种主要食物来源，如粮、菜、油、果、家畜、家禽等，因而直接关系到人类的生活和健康。

## 一、土壤污染的概念

土壤污染是指由于废气（能溶解于水的）、废水、废渣的排放，以及过量的使用化肥、农药，进入土壤中的有害、有毒物质在土壤中不断积累，超过了土壤的自净能力，因而引起土壤的组成、结构和功能的变化，以及影响植物的正常生长和发育，导致农作物产量和质量下降，最终影响人体健康。这就是土壤污染。

土壤污染的显著特点是具有持续性，进入土壤的污染物迁移速度缓慢，它往往不容易采取大规模的消除措施。象有些有机氯污染物，在土壤中自然分解要十多年，有的土壤停止污染后，即使三、五年后再使用还会受到危害。

## 二、土壤污染的主要发生途径

土壤是环境中各种物质汇集与激烈作用的场所。土壤污染的发生特征主要是与土壤的特殊地位和功能相联系的。首先是把土壤作为农业生产的劳动对象和生产手段。为了提高农产品的数量和质量，随着施肥（有机肥和化肥），施用农药和灌溉，污染物质进入土壤，并随之积累起来，这是土壤污染的重要发生途径；其次，土壤历来就作为废物（垃圾、废渣和污水等）的处理场所，而使大量有机和无机污染物质随之进入土壤，这是造成土壤污染的主要途径；再次，土壤是作为环境要素之一，因大气或水体中的污染物质的迁移转化，从而进入土壤，使土壤随之也遭受污染，这也是屡见不鲜的。此外，在自然界中某些元素的富集中心或矿床周围，往往形成自然扩散晕，使附近土壤中某些元素的含量超出一般土壤的含量范围，这类污染物质称为自然污染物。

## 三、土壤污染物及其危害

土壤污染物极多，凡是进入土壤并影响土壤正常功能的物质，以及会改变土壤的成分，降低农作物的产量和质量，有害于人体健康的物质，统称土壤污染物。按污染物的性质可分为重金属、有机物、放射性物质、病原微生物等类型。

### （一）重金属对土壤的污染危害

污染变壤的重金属主要来自大气及工业废水。重金属污染物在土壤中一般不易随水淋滤，不能被土壤微生物分解，而常常在土壤中积累。有的可以转化成毒性更强的化合物，如甲基化合物，有的通过食物链以有害浓度在人体内蓄积，严重危害人体健康。重金属在土壤中积累的初期，不易为人们觉察或注意，属于潜在危害，一旦毒害作用比较明显地表现出来，就难以彻底消除。

通过各种途径进入土壤中的重金属种类很多，其中影响较大、目前研究比较深入的有汞、镉、铅、砷、铬、铜、锌、硒、镍等。由于它们各自具有不同的特性，因而造成的污染危害也不尽相同。

首先，植物对各种重金属的需要情况有很大差别。有些重金属是植物生长发育中并不需要的元素，而且对人体健康危害比较明显，如镉、汞、铅等。有些是植物正常生长发育所必需的元素，具有一定的生理功能，如铜、锌等。它们在农产品中的自然含量显著高于镉、汞、铅。在土壤中，铜、锌不能缺少，只是含量过高时，会发生污染危害。

这两类重金属在植物体内含量和在土壤中含量的数值对比关系不同。一般来说，铜、锌在植物体内浓度可受其内在过程控制，即使它们在土壤中的含量很高，但植物在其本身生理作用支配下，可以使体内铜、锌含量保持相对稳定，不受或较少受土壤中这些元素浓度的影响。当然，如果土壤中铜、锌含量超过一定限度，也会使植物正常生理机制受到破坏，出现中毒症状。但这种限量相当高，一般情况下很少能够达到。至于植物所不需要的重金属，其在植物体内的浓度，明显地受土壤中这些元素含量高低的影响。如果土壤中这类元素过多，就会使它们在植物体内含量较快地达到有污染危害的程度。因此，汞、铬、铅在土壤中过多往往比铜、锌等微量元素过多的污染危害更严重。

其次，土壤因受重金属污染而对作物产生危害时，不同类型的重金属的危害也不相同。如铜、锌主要是妨碍植物正常的生长发育，而汞、镉等一般在作物生长发育尚未受到障碍时，在植物体内的积累量就可能显著增加，甚至达到有害浓度。也就是说，土壤中汞、镉累积而危害作物生长的现象比较罕见，而它们在土壤和作物中残留的问题比较突出。

不仅不同种类的重金属具有不同的污染危害作用，而且同种重金属，由于它们在土壤中存在形态的不同，其迁移转化特点和污染性质也不相同。土壤中的重金属或类金属可区分为五个部分：（1）水溶态的，（2）弱代换剂（如醋酸盐溶液等）可代换的，（3）强代换剂（成螯合剂螯合的）提取的，（4）次生矿物中的，（5）原生矿物中的。其中（1）、（2）、（3）部分是可能为植物吸收的。因此，它们的含量越高，越容易造成污染危害。在研究土壤中重金属的污染危害时，不仅要注意它们的总含量，还必须重视各种形态的含量。重金属对土壤的危害见表3-5。

### （二）有机物对土壤的污染危害

有机物包括各种有机农药，如杀虫剂、杀菌剂和除莠剂等，以及各种化肥、洗涤剂、酚、油类等。

有机物通过不同途径进入土壤后，除一部分发挥其应有作用外，其他部分因其性质较稳定难于降解转化而残留在土壤中，造成土壤污染。

1. 化学农药的危害。土壤中施用化学农药，目的是抑制和消灭害虫、杂草，以保证农作物的优质高产，在这种情况下，化学农药并非污染物质。但是随着化学农药工业的飞速发展，生产品种的增加，有些农药化学性质稳定，持续时间长，大量而持续使用的结果，会增加土壤中农药的累积量，当土壤中残留累积农药到一定程度，便会成为污染物质，影响下一茬作物的产量和质量。土壤中持久性长的化学农药所产生的主要环境问题是它通过各种途径：挥发、扩散、移动而转入大气、水体和生物体中。在水体中它们构成纯粹的污染物质，甚至当其持续浓度非常微量时，就能构成环境中的一个危险因素。通过食物链，

| 污染物 | 对土壤污染物点 | 对植物危害症状 |
|---|---|---|
| 镉 | 被土壤吸附，累积于土壤表层，并能残留 | 大豆受害后，叶片褪绿、枯死，小麦叶黄萎、叶尖黑褐色，水稻从土壤中吸收镉并能积累在种子内，叶菜和根菜类蔬菜含镉较高 |
| 汞 | 土壤的腐殖质和粘土矿物能吸附或固定汞，并可多年残留 | 影响农作物的生长发育，能在农产品中残留和积累 |
| 砷 | 被土壤胶体吸附或和有机物络合一螯合固定而残留 | 影响农作物的生长发育，可被农作物吸收而富集在植物体内 |
| 铅 | 易被土壤胶体所吸附而残留 | 植物从土壤中吸收铅，大部分积累于根部 |
| 铬 | 以不溶性，不能被作物吸收的氧化物的形式存在，在土壤中移动性很小 | 铬积累于植物的根、茎、叶、谷壳、糙米等部位，并可干扰营养物的吸收和输送，造成植物生长缓慢，叶卷曲 |
| 铜 | 可以被腐殖质螯合或有机、无机胶体所吸附 | 新生根受抑制，以致枯死 |
| 锌 | 常与镉、铜、铅混合存在 | 植物生长发育缓慢，减产，影响蔬菜生长 |

它们会累积在鱼类和贝类的组织内。因此，了解农药在土壤中的迁移转化规律，土壤对有毒化学农药的净化能力，对于预测其变化趋势，控制土壤和环境的农药污染，都具有重大意义。

施用的农药，一部分直接散落于土壤中，附着于植物体和害虫上的农药，除大气中挥发和分解外，其余也随雨水的淋洗和通过植物体进入土壤。

进入土壤中的农药，在被土壤团相物质吸附的同时，还通过气体挥发和随水淋溶而在土体中扩散移动，为生物体吸收或移出土体之外而导致大气、水体和生物污染。

化学农药在消灭害虫的同时，也会杀死益虫，所以，农药进入环境后，有时"敌友不分"，破坏生态平衡，波及鸟类。农药对生物的污染，是通过食物链的逐步富集而日益严重。大多数农药对人体都有毒害。当硫磷等有机磷制剂吸入人体后，会使血清胆碱脂酶很快下降，如下降到正常值的一半以下，就会突然出现病状，甚至昏倒。

2.化学肥料的危害。化肥是植物的营养物质，但施用过多，会引起作物的减产和质量的降低，并携带一些重金属进入土壤。如施用硝酸盐肥料或有机肥料过多使土壤中硝酸盐积累过多，可直接导致作物的减产和质量下降。由此还可使饲料作物中累积大量硝酸盐，在青贮饲料过程中释放出二氧化氮和四氧化氮气体，严重影响人和家畜的健康。饲料中多量的硝酸盐进入反刍动物的胃瘤中，还原为亚硝酸盐，可干扰血液中氧的循环，使婴儿、牲畜发生严重的疾病，甚至死亡。

过多的磷肥可引起铁、锌等营养元素的缺乏而使作物减产。

土体中累积过量的硝酸盐和磷酸盐，是湖泊富营养化的重要因素。

**（三）放射性物质对土壤的污染危害**

土壤受放射性物质污染的原因主要有：大气层核武器试验；原子能和平利用过程中，放射性物质通过"三废"的排放，最终不可避免地随同自然沉降、雨水冲刷和废物的堆放而污染土壤。其污染程度与排出放射性废物的数量、组成、排放方式和净化处理程度等有关。土壤一旦被放射性物质污染是不能自行消除的，只能靠其自然衰变达到稳定元素时，才能消除其放射性。放射性污染物锶和铯的半衰期分别是28年和30年。一般锶和铯等均可被植物吸收，再经过食物链进入人体，危害人类健康。

不同的土壤具有不同的胶体种类和数量，因而对锶和铯的吸附率也不相同。如我国东北地区的土壤对锶的吸附率依次为黑土粘粒大于白浆土粘粒大于暗棕色森林土粘粒。因土壤污染，使植物体也积累了锶。在植物体的芽部，锶的累积较多，并和土壤中钙和锶的浓度呈正相关系。

### （四）病原微生物对土壤的污染危害

土壤中的各种病原微生物，如伤寒杆菌、痢疾杆菌、破伤风杆菌、炭疽杆菌等，以及蛔虫、钩虫、蛲虫、绦虫等寄生虫的虫卵和幼虫，主要来源于人畜粪便及用于灌溉的污水（未经处理的生活污水，特别是医院污水）。有些病原菌和寄生虫由于不适应土壤环境或因土壤微生物的拮抗作用，可自然净化而趋于消灭。有些则能在土壤中继续繁殖，造成土壤生物污染和疾病的流行，危害人类的健康。如土壤中分布最广的是肠道致病性病原虫与蠕虫类，有的寄生在动、植物体内，有的通过土壤穿透皮肤进入人体，有的病菌也可通过土壤使人感染，如结核杆菌，可附着在干燥细小的颗粒物上，随风进入大气，被人及牲畜吸入而引起感染。

## 第三节　固体废弃物污染与危害

人类在生产和生活活动过程中所排出的固体废弃物质，简称为固体废物。包括工业废渣和生活垃圾。随着工农业生产的发展和人民生活水平的提高，各种固体废弃物的排放量大幅度增加，日积月累，占地堆积，不仅造成财力、物力等各方面的巨大浪费，而且由于风吹雨淋，许多有害物质还会污染大气、水体和土壤，危害人体健康，影响植物的生长发育。这种由固体废弃物引起的大气、水质和土壤的污染，叫做固体废物污染。

### 一、固体废物的分类

固体废物按其化学性质，可以分为无机废物、有机废物和放射性废物等；按其危害程度，可以分为一般废物、有害废物和有毒废物；按其形状可分为固状废物（粉状、粒状、块状等）和泥状废物（污泥）。通常为了便于管理，一般按其来源分为矿业废物、工业废物、村镇垃圾、农业废物和放射性废物等五类。表3-6为固体废物的主要来源。

### （一）矿业固体废物

矿业废物来自矿物开采和矿物洗选过程。如废石、尾矿、砂石等。废石是指各种金属、非金属矿石开采过程中从主矿上剥离下来的，从工业角度看利用价值不大的各种岩石。这类废物数量很大，多在采矿现场就近排放。例如国外某钼铜矿，在基建过程中剥离的废石与土方量比开凿巴拿马运河的土方量还要大。再如煤矸石是在采煤过程中分选排出的废石，数量庞大，大都堆积在矿区附近。

尾矿是指选矿过程中，经过提取精矿以后剩余的尾渣。这类废物排放量也相当大，多弃置于选矿作业场附近。

### （二）工业固体废物

固体废物的主要来源　　　　表 3-6

| 类　别 | 发　生　源 | 废　弃　物　名　称 |
|---|---|---|
| 工业固体废物 | 冶金、机械、铸锻、金属结构、交通运输 | 金属渣、砂石、废模型、废管道、污垢、填料、烟尘、废机床、塑料、橡胶 |
| 工业固体废弃物 | 食品工业 | 烂肉、蔬菜、水果、谷物、硬果壳、玻璃、塑料、烟草、玻璃瓶、罐头盒等 |
| | 橡胶、皮革、塑料工业 | 橡胶、皮革、塑料、线、布、纤维、金属废渣等 |
| | 石油、化学工业 | 有机或无机化学药品、橡胶、塑料、玻璃、陶瓷、沥青、油毡、石棉、污泥、烟尘等 |
| | 电气、仪器仪表工业 | 金属、玻璃、橡胶、塑料、化学药品、研磨废料、废仪表等 |
| 矿业渣 | 采矿、选矿业 | 废石、尾矿、金属、木、砖瓦、混凝土等建筑材料 |
| 废水处理渣 | 污水处理厂 | 污　泥 |
| | 工厂污水处理装置 | 污　泥 |
| 村镇垃圾 | 村镇建筑工程 | 碎砖瓦、沥青、水泥、白灰等建筑材料，残土 |
| | 旧房拆迁 | 碎砖瓦、脏土、石块等 |
| | 居民生活 | 食物垃圾、纸、木、布、杂物、碎砖瓦、脏土、灰渣、粪便等 |
| 农牧业废弃物 | 农业生产 | 秸秆、烂菜、秕糠、农药等 |
| | 牧业生产 | 死禽畜、废饲草、粪便等 |
| | 林业生产 | 烂水果、果树剪枝等 |

在工业生产过程中将会排出多种固体废渣，主要有冶金渣、燃料渣、化工渣等。

冶金渣包括高炉渣、钢渣、有色金属渣、铁合金渣等。高炉渣是炼铁的产物，一般每炼1t铁，约产生0.6～0.7t高炉渣。钢渣是炼钢过程排出的废渣，成分以钙、铁、硅氧化物为主，钢渣的排量约为粗钢量的20％左右。有色金属渣中以氧化铝厂的残渣——赤泥为最多，另外还有铜渣、铅渣、锌渣及稀有金属渣，这些废渣往往含有重金属等有毒物质，影响环境。

燃料渣以用煤为燃料的电厂产生废渣最多，包括粉煤灰、炉渣和熔渣。从烟囱废气中收集下来的烟灰，称为粉煤灰；一部分沉积在锅炉底部，即是炉渣；采用熔融液态排渣炉时，称为熔渣。一般每发电10kW容量，年排灰量约1t左右，可见全国每年排灰量是相当可观的。这些煤灰渣贮入灰场，花费巨额投资筑坝堆存，风大时黑尘到处飞扬；另有不少煤灰渣排入江河湖海，污染水质，淤塞河道，影响环境。

化工废渣种类繁多，以塑料废渣、石油废渣为主，酸碱废渣次之。化工废渣中有毒物质最多，对环境污染最为严重。

另外，轻工、纺织、食品加工行业产生的废渣；机械加工过程产生的金属碎屑；电子行业产生的电镀废水处理后的污泥等的排放量也是很大的，如处置不当，也会对环境造成污染。

（三）村镇垃圾

村镇垃圾包括来自人们日常生活所丢弃的各种消费品，医疗卫生部门、商业、服务业产生的废弃物，以及来自村镇建设和维护的建筑垃圾（废砖、废瓦等），污泥、残土碎石和粪便等，其数量正在逐年增加。

村镇垃圾成分非常复杂，其中有的有机物会变质腐烂，发生恶臭，招引和孳生苍蝇，繁殖老鼠；有的疾病患者用过的废弃物，乃至排泄物，如果任意堆放，病原微生物就会随着雨水渗入地下水源，有的飘尘飞扬，污染大气，造成传染病的传染和流行。

### （四）农业废物

农业废物包括农业生产和禽畜饲养产生的植物枝叶、秸秆、壳屑、动物粪便和尸骸等。

### （五）放射性固体废物

放射性废物主要来自核工业生产、放射性医疗及其它同位素应用行业等，如被放射性物质污染的废旧设备、容器、防护用品、废过滤器芯、废树脂、化学污泥、水泥或沥青固化物等。还包括核试验所产生的具有放射性的各种碎片、弹壳、尘埃等。

据不完全统计，我国1981年仅工业固体废物和尾矿的产生量即达4.4亿t，其中80％以上未予利用，堆弃在荒野或排入江河湖海。

## 二、固体废物的污染与危害

固体废物数量很大，在堆积和不合理的输送时，会对土壤、水体和大气造成环境污染。尤其是工业固体废物往往包含多种污染成分，而且长期存在于环境中，在一定条件下还会发生化学的、物理的或生物的转化。如果管理不当，污染成分就会通过水、气、土壤、食物链等途径污染环境和危害人体健康。

### （一）侵占土地

随着生产的发展，工业固体废物的产生量日益增加，由于治理率较低，大部分工业固体废物不得不累积堆存起来，侵占大量的土地。这是国内外普遍存在的一个问题。例如，日本在60年代末，仅煤矸石的累积堆存量已达6.4亿t，占地2700多ha，约为日本耕地的万分之五，这对国土狭小的日本来说是很大的负担。

据统计，1980年我国已累积堆存工业固体废物53亿t，占地近4万ha，其中包括农田1.7万ha。所造成的土地损失达70多亿元。1986年我国的工业固体废物累积堆存量已达74亿t，占地6万多ha。

### （二）对土壤的污染

垃圾、废渣中常含有大量有害物质，因此，未经处理的垃圾、废渣很容易污染土壤。来自医院、生物制品厂和屠宰场等的垃圾直接用作农肥，垃圾中的生物病原体和病菌、寄生虫等就能污染农田土壤。这些有害物还可以经雨水扩大受害面积，并随水渗入土壤。土壤污染后，主要经过以下途径转入人体：

1.人和污染土壤直接接触或生吃这类土壤中种植的蔬菜瓜果，土壤中的各种病菌和寄生虫就可直接进入人体；

2.污染土壤的表面浮土随风飘扬，挟带有害物质进入人体，使人致病；

3.经雨水冲刷并流向水体，由水体污染再进入人体。

工业废渣对土壤的污染主要是有毒化学物质进入土壤，这些有毒物质在土壤中过量积累，不仅会杀死土壤中的微生物，而且会使土壤盐碱化、中毒，以至废毁而无法耕种。若被农作物吸收，还会对农作物产生毒害作用，人食用农作物后，这些有害物质在人体内富集而致病。例如，德国某冶金厂的废渣中含有铅、锌、铜的化合物，这些废渣堆放地的农作物中，发现铅的含量为一般植物的80～260倍，锌为26～80倍，铜为30～50倍。有些废渣中还含有放射性元素锶和铯。这些元素都或多或少为废渣场附近种植的农作物吸收，通过食物链最后进入人体富集而致病。

### （三）对水体的污染

垃圾、废渣对水体的污染主要是通过雨水造成的，垃圾、废渣随雨水径流流入江、河、湖、海，污染地面水；垃圾、废渣中的渗沥水，通过土壤进入地下水体，使地下水污染；细颗粒的垃圾、废渣随风飘扬，落入地面水体，使其污染；垃圾、废渣直接倒入江、河、湖、海，使之造成更大的污染。因为人不能离开水而生存，因此，水体的污染所造成的危害是惊人的。水体的污染，不但影响人类的生活，而且严重影响鱼类、水生物和水面农作物的生长。

工业固体废物污染水体的实例很多。例如，著名的美国"腊芙运河"公害事件，就是由于50年代以前掩埋的80多种共计2万多t化学废物引起的。掩埋10多年后，在该地区陆续发现井水变臭、婴儿畸形、人患怪病，以致先后两次近千户居民被迫搬迁，造成极大的社会问题和经济损失。

由于不易征得堆渣场地，我国有不少厂矿把工业废渣直接倾倒入水体，每年约有4000多万t，仅电厂每年向长江、黄河等水系就排放粉煤灰500多万t。灰渣在河道中大量淤积，不仅妨碍航运，而且将对大型水利工程造成潜在的危害。据统计，目前我国河湖面积比50年代减少了130多万ha。

尤其严重的是，一些国家竟将"过时"的毒气武器，有毒容器，核爆炸散落物，原子反应堆渣，核动力舰只的废物等向深海倾注，已经造成了放射能约为二千万居里的同位素污染了海域，造成了海洋生物资源的极大破坏。这些恶劣的现象如不予制止，对人类的生存就将造成莫大的威胁。

### （四）对大气的污染

垃圾、废渣对大气的污染也是很严重的。垃圾和废渣中的某些有机物质在生物分解过程中会产生恶臭；细颗粒的垃圾和废渣会挟带有害物质随风飘扬，并在大气中扩散；在运输和处理过程中会产生有害气体和粉尘，以致污染空气。

火力发电厂的粉煤灰，如果除尘率不高，每年排入大气中的煤灰量是很大的。清除后的煤灰如若没有很好地综合利用或妥善堆放，仍然会污染大气环境，水力冲灰不但冲灰场占地面积很大，还会污染水体。一些工业废渣中铅、镉、铜、镍等的含量很高，它的粉尘将污染大气，危害人类和牲畜的生活环境，一些牲畜因为食用有这些粉尘的杂草后发生中毒。一些较轻的粉尘，如废石棉粉，石膏粉等，也应妥善管理，否则也会污染空气，侵入人体的呼吸器官影响健康。

例如，由于有害成分释入大气，美国腊芙运河地区大气中有毒物质的浓度超过安全标准5000倍，其中含有毒物82种，致癌物11种。我国包头市粉煤灰堆场，遇四级风可剥离1～1.5cm，灰尘飞扬高度达20～50m，使平均视程降低30～70%。

除上述危害之外，工业固体废物还会造成滑坡和火灾等事故。例如，1966年英国威尔士的阿伯芬地区，就因历时一百年的煤矸石堆，高达244m，发生重大滑坡事故，废石形成一股泥石流，沿着山谷奔腾而下，埋没了山谷下的一所学校，150多人惨死。据报道，美国60年代至少有500多处废矿堆发生火灾。

综上所述，随着人类生活的改善和生产的发展，垃圾和废渣量的增加是必然的，由于它们对土壤、水体、大气的极大危害，必须进行这些废弃物的处理和利用，使之变废为宝，为人类服务，随着人们对环境污染认识的提高以及科学技术的不断发展，这样的目的是不难达到的。

## 第四节 水体污染与危害

水是人类及一切生命活动的基本要素。无论在工业生产、农田灌溉、水产养殖、交通运输以及日常生活等方面，水都是不可缺少的。水在地球上不断地循环运动，为地球表面调节气候，而在雨雪降落时，又可起到清洗大气、净化环境的作用。可以说，没有水便没有生命。

然而，随着工农业生产的发展和人类各种活动的增加，特别是近年来乡镇工业的兴起，每天都向江河湖海排放大量的废水和废物，使地面水和地下水均受到不同程度的污染。水源的污染，不仅造成对人体健康的危害，而且带来巨大的经济损失。据有关部门估计，全国每年因水污染造成的经济损失约在100亿元以上。可见，对水体的污染问题应引起足够的重视。

所谓水体污染是指排入水体的污染物质，其含量超过了水体本身的自净能力，引起水质恶化，破坏了水体的原有用途等。

### 一、村镇水体污染物及其来源

#### （一）水体的主要污染物质

造成水体污染的物质相当复杂，但概括起来可分为四大类，即：无机无毒物、无机有毒物、有机有毒物、有机无毒物。有机物的污染特征是耗氧，有毒物的污染特征是生物毒性。

1.无机无毒物。它是指酸、碱及一般无机盐和氮、磷、钾等植物营养物质。酸、碱和无机盐进入水体后，可改变水体的pH值，pH值的变化不仅影响水生生物的生存，有时还可增强某些毒物（如氰化物和重金属）的毒性。氮、磷、钾等营养物质的过剩，会引起农作物徒长、纤细倒伏，以及水体的富营养化。

2.无机有毒物。它是指各类重金属，如汞、镉、铅、铬、铜、锌、钴、镍、锡等，以及类金属砷和氰化物、氟化物等无机物。这类污染物不仅对生物有害，而且在水中不能或很难被微生物分解。特别是重金属，可通过生物富集，即污染物通过食物链累积或浓缩，使人和其它生物慢性中毒。某些重金属则可在微生物的作用下转化为毒性更强的金属化合物，如无机汞在自然水域中转化为剧毒的甲基汞，就是一个突出的例子。

3.有机无毒物。它是指在水体中比较容易分解的有机化合物，如碳水化合物、脂肪、蛋白质等。这类物质可在微生物的作用下，分解为二氧化碳和水。在分解过程中，需要消耗大量的溶解氧（DO）。所以，有机无毒物又称为需氧污染物。在正常大气压下，20℃

时水中含溶解氧（DO）仅为9.17mg/L，一般饮用水要求溶解氧应高于5mg/L。受到有机物质污染的水体，通过生物的氧化作用消耗水中溶解氧，将有机物分解为结构简单的物质，使污染水体得到自净。

4.有机有毒物。它是指酚类和难以被微生物分解的有机农药、多氯联苯、多环芳烃及合成的高分子有机化合物、染料等。这类物质进入水体后，可在生物体内累积，从而加大其生物毒性。

由于水体中有机污染物的组成比较复杂，目前的技术条件还难以分别测定各类有机物的含量，又因为需氧有机物的主要危害是消耗水中溶解氧，所以在实际工作中一般采用下列指标来表示水中需氧有机物的含量：生化需氧量（BOD），化学需氧量（COD），总有机碳（TOC），总需氧量（TOD）等。

生化需氧量是指在规定条件下，水中有机物在生物氧化作用下所消耗的溶解氧，单位是mg/L。有机污染物经微生物氧化分解的过程，一般可分为两个阶段：第一阶段主要是有机物被转化成二氧化碳、水和氨；第二阶段主要是氨被转化为亚硝酸盐和硝酸盐。第二阶段对环境卫生影响较小。废水的生化需氧量通常只指第一阶段有机物生物化学氧化所需的氧量。因为微生物的活动与温度有关，测定生化需氧量时一般以20℃作为测定的标准温度。生活污水中的有机物通常需要20d左右才能完成第一阶段的氧化分解过程，但实际工作中都以5d作为测定生化需氧量的标准时间。简称五日生化需氧量，用$BOD_5$表示。GB 7488—87为五日生化需氧量的测定标准，其适用范围在$2mg/L \leqslant BOD_5 < 6000$ mg/L的水样。实验研究表明，一般有机物的五日生化需氧量约为第一阶段生化需氧量的70%左右。

化学需氧量是指用化学氧化剂氧化水中有机物时所需的氧气量，单位是mg/L。化学需氧量越高，表示水中有机物的含量也越高，水体受有机物污染越严重。常用的氧化剂是高锰酸钾和重铬酸钾。

总有机碳是表示水体中所有有机物质的含碳量。总有机碳的测定，是在900℃温度下，以铂为催化剂，使水样氧化燃烧，然后测定气体中二氧化碳含量，从而确定水样中的碳元素总量。再在此总量中减去碳酸盐等无机碳元素含量，即可得到总有机碳量。

总需氧量是表示水体中有机物，如碳、氢、氮、硫等全部被氧化时，即生成二氧化碳、水、一氧化氮和二氧化硫时所需要的氧气量。总需氧量的测定方法是，在含有一定氧气的氮气流中，注入一定的水样，装入有铂作催化剂的燃烧管，在900℃温度下燃烧，水样中的有机物因燃烧而消耗载气中的一部分氧气，剩余的氧气用烧料电池或氧电极测定，从载气中原有的氧气量减去水样燃烧后剩余的氧气量，即得总需氧量。

**（二）水体污染物的来源**

水体污染主要是人为因素造成的，水体污染物主要来源于乡镇企业废水、居民生活污水、工业废渣、生活废弃物以及大气降尘等。村镇水体主要污染物及其来源见表3-7。在水体污染源中，乡镇企业废水是造成水体污染的主要原因。

1.造纸工业废水。造纸工业是耗水量较大的乡镇企业之一。据有关资料介绍，每生产1t纸，需耗水500~800t。目前我国各地的小造纸厂，多利用烧碱或硫化碱蒸煮制浆。在蒸煮、洗涤和漂白过程中，都会产生废水。其中含有大量的木质素、微细纤维、多糖类等有机物、游离残碱及无机盐。还有氯化物、硫化物、酚化合物等有害物质，还会产生大

| 类　　型 | 污染物名称 | 污染物主要来源 |
|---|---|---|
| 无机无毒物 | 酸 | 矿山排水、工业酸洗废水、酸法造纸、制酸厂 |
| | 碱 | 碱法造纸、化纤、制碱、制革、炼油 |
| | 无机盐 | 同以上酸、碱两项 |
| | 氮 | 氮肥厂、硝石矿的开采 |
| | 磷 | 磷肥厂、磷灰石矿的开采 |
| 无机有毒物 | 汞 | 制药厂、仪表厂、氯碱厂 |
| | 镉 | 电镀厂、有色金属冶炼厂、铅锌厂、颜料厂 |
| | 铅 | 蓄电池厂、油漆厂、有色金属冶炼厂、铅锌厂、颜料厂 |
| | 铬 | 电镀厂、颜料厂、制革厂、制药厂 |
| | 氰化物 | 煤气制造、丙烯腈生产、有机玻璃和黄血盐的生产、电镀厂 |
| | 氟化物 | 磷肥生产、氟塑料生产、有色金属冶炼 |
| 有机无毒物 | 碳水化合物 | 生活污水、禽畜养殖业污水、食品加工、农田施肥 |
| | 脂　肪 | 屠宰厂、洗毛、制革、食品工业、肥皂厂 |
| | 蛋白质 | 同以上碳水化合物、脂肪两项 |
| | 木质素 | 造纸厂、纤维板厂 |
| | 油　类 | 石油化工厂 |
| 有机有毒物 | 酚　类 | 焦化厂、煤气站、树脂厂、绝缘材料厂、合成染料 |
| | 多氯联苯 | 塑料、涂料工业、生产或使用多氯联苯的工厂 |
| | 多环芳烃 | 煤炭、汽油和木柴的燃烧 |
| | 有机农药 | 农药厂、不适当地使用农药 |
| | 染　料 | 印染厂、染料厂 |

量的恶臭物质，如硫化氢、硫醇等。

2.印染企业废水。一般印染厂的废水中含有染料等有色污染物质。据测算，每印染1万m布料可排约200～300t的废水。

3.制革工业废水。制革的准备及鞣制工序，都是在水或水溶液中进行的，并伴随有大量废水排出。在中小企业，每生产一张牛皮约排放0.8～1.4t废水。制革废水的特点是碱性大、色度浓、耗氧量高。其中每L制革废水中约含有硫化物100～1000mg；三价铬15～40mg；氯化物1400～2500mg；悬浮物2000～3000mg，此外，还含有脂肪、杂毛等有机物以及过量的石灰等。

4.洗毛废水。毛纺厂的原毛含有大量的分泌物、羊毛脂、汗渍及粪尿、砂土等脏物。在用肥皂或碱类等洗涤剂清洗时，其废水呈灰褐色、碱性，有嗅味，含脂肪、浮游物等有机物质较多，会消耗水中氧气，使水质变坏。

5.屠宰厂废水。屠宰厂的废水中含有大量的氮素、油脂、血液和畜毛等有机物。一般屠宰一头牲畜约产生1.0～1.5t废水。

6.制糖工业废水。制糖工业耗水量也比较大，一般每加工1t甜菜，耗水量约为12～14t。在废水中含有大量的糖类、废渣等有机物质，对水体污染也十分严重。

7.电镀工业废水。电镀工艺常用的镀料有金、银、铜、镍、铬、镉、锌等。在镀件除锈清洗时，需要使用大量的酸液，所产生的废弃物，如各种重金属和酸洗废液便成为对环境危害较大的水体污染物。

8.化学工业废水。化工是用水量较多的工业部门，排出的废水量也很大，如生产1t烧碱要用水100多t。化学工业种类很多、产品及生产工艺也多种多样，但总的来看，化工生产废水具有有毒性和刺激性等特点，其污染水体所造成的危害十分严重。化工废水中的污染物见表3-8。

化学工业废水中主要污染物 表 3-8

| 污　染　物 | 污　染　物　种　类 |
| --- | --- |
| 硫酸厂 | 稀硫酸、砷、硫、硒 |
| 氯碱厂 | 含氯化合物、碳酸盐等的盐泥、碱类、游离氯 |
| 纯碱厂 | 氨、氯化钙、氯化钠、碱酸盐的固体悬浮物 |
| 氮肥厂、炼焦厂 | 氨、铵盐、氰、酚 |
| 磷肥厂 | 稀硫酸、磷酸、氟化物 |
| 颜料厂 | 铅及其化合物、镉及其化合物、铬及其化合物 |
| 农药厂 | 砷化合物、有机氯化合物、有机磷化合物 |
| 染料厂 | 硝基化合物、胺基化合物 |
| 炸药厂 | 硝基化合物 |
| 煤气厂 | 氰化物、苯酚、酚类、氨 |
| 合成橡胶厂 | 油、轻质烃、碎橡胶、苯乙烯胶浆 |
| 合成塑料厂 | 苯酚、酚类 |

9.有色金属冶炼废水。工业中除了铁、锰、铬以外的金属统称为有色金属，它对环境污染比较突出，其污染特点是矿渣量大，而且选矿废水毒性大，含有汞、镉、锌、铅、及砷等有毒物质和脂肪酸、甲酚浮选剂等污染物。

10.石油化工企业废水。石油化工企业的废水特点是水量大，水质变化多。一个生产装置比较完全的炼油厂，其用水量为加工原油的30～50倍，排污量为加工1t原油约排出0.9t污水，其中主要含有水溶性和挥发性物质，以硫化氢为主的还原物质和不饱合化合物。BOD往往在几千mg/L以上，常含有对生物有毒害的有机化合物。

## 二、水体污染的危害

水体受到污染后，可通过饮食直接危害人体健康，也可直接危害水产品、农副产品等，并可通过食物链发生更严重的污染危害。

### （一）水体污染对人体的危害

水体污染对人体健康的危害一般分为两类。一类是由于水中含有某些病原微生物，引起疾病和传染病的蔓延；另一类是水中含有有害有毒物质对人体健康的危害。

水中病原微生物主要是沙雷氏杆菌、青紫色素杆菌、无色杆菌、水细球菌、冠状细球菌、假单孢杆菌等，此外还有克雷白氏杆菌属、肠杆菌属、放线菌、真菌、病毒等。这些病原微生物主要来自人畜粪便和医院废水。人们假如直接饮用含有这些病菌的水，即可造成诸如霍乱、伤寒、急性肠炎、痢疾和腹痛、腹泻等疾病。其次，人们接触被这些病原微生物污染的水体；比如在被污染的河渠或湖塘中洗澡、淘米、洗菜、洗衣等，某些寄生虫便可能钻入人的皮肤或粘膜。例如，钩端螺旋体可引起出血性钩端螺旋体病，钉螺可引起血吸虫病等。不同的病毒可以引起诸如肝炎、脊髓灰质炎、脑膜炎、出疹性热病等。1987年底和1988年初，上海暴发甲型病毒性肝炎，经调查，就是由于市民食用了受污染的毛蚶而引起的。

　　含有有毒物质的污染水体，可直接或间接致害于人体。氰化物、有机磷农药、硝酸盐、砷、铅等化学物质，在水中含量过高时，人饮用了这种水或食用含有这些毒物的水产品，就会直接引起中毒事故。间接的危害是指人们长期摄取被污染的水、鱼类、粮食、蔬菜等而引起的各种慢性中毒病症。对于直接的危害，比较容易发现，当有毒物质排入水体较多时，就会出现水生生物中毒死亡，从而引起人们的注意，并可以很快采取治理措施。

**水中主要污染物对人体的危害**　　　　　　　　　　表 3-9

| 污　染　物 | 对 人 体 健 康 的 危 害 |
| --- | --- |
| 汞 | 食用汞污染的鱼、贝后，产生甲基汞中毒，头晕、肢体末稍麻木、记忆力减退、神经错乱，甚至死亡，还可造成胎儿畸形 |
| 铅 | 食用含铅食物，会影响酶及正铁血红素合成，影响神经系统，铅在骨骼及肾脏中积累，有潜在的远期危害 |
| 镉 | 进入骨骼造成骨痛病，骨骼软化萎缩，易发生病理性骨折，最后饮食不进，于疼痛中死亡 |
| 砷 | 影响细胞新陈代谢，造成神经系统病变，急性砷中毒，主要表现为急性胃肠炎症状 |
| 铬 | 铬进入人体后，分布在肝和肾中，出现肝炎和肾炎病症 |
| 氰化物 | 饮用含氰化物水后，引起中毒，导致神经衰弱、头痛、乏力、头晕、耳鸣、呼吸困难，甚至死亡 |
| 多环芳香烃 | 长期处于高浓度的多环芳香烃环境中，可致癌 |
| 酚　类 | 引起头痛、头晕、耳鸣，严重时口唇发紫、皮肤湿冷、体温下降、肌肉痉挛、尿量减少、呼吸衰竭 |
| 可分解有机物 | 这类污染物为病菌提供了生存条件，进而影响人体健康 |
| 致 病 菌 | 引起传染病，如霍乱、痢疾、肝炎、细菌性食物中毒 |
| 硝酸盐、亚硝酸盐 | 引起婴儿血液系统疾病 |
| 氟 化 物 | 其浓度超过 $1 mg/L$ 时，发生齿斑、骨骼变形 |
| 放射性物质 | 经常与放射性物质接触，会引起疾病，并会遗传给后代 |
| 多氯联苯 | 损伤皮肤，破坏肝脏 |
| 油　类 | 使水体污染而失去饮用价值 |

然而间接的危害，往往要经过较长时间才能显示出病症来，一般不易引起人们注意和重视。可是这类潜在的危害对人类的威胁更大。例如，50年代轰动世界的"公害"事件日本的水俣病和骨痛病，就是因为居民长期食用被含汞、含镉废水污染的水产品和农作物而引起的疾病，造成很多居民终身残废甚至死亡。汞、镉等重金属以及有机氯农药等在自然界中比较稳定，虽然在水中含量微小，但通过食物链的富集，在人体中不断地积蓄起来，经过较长一段时间，达到致害程度，才慢慢地暴露出来，因此，对这类物质造成的水体污染应引起足够的重视。

水体污染对人体健康的影响见表3-9。

### （二）水体污染对渔业的危害

大量的生产和生活废水排入水域后，会造成水体污染，而首先受到影响的就是渔业，水体污染对渔业的危害主要表现在以下三个方面。

1.鱼类、贝类突发性大量死亡。由于水体受到酸、碱、重金属、氰化物、酚类、农药等剧毒污染物的污染，或大量有机物质排入水体，消耗大量溶解氧，造成水中严重缺氧，此外，还有悬浮物或油类物质附着在鱼鳃上等原因，造成鱼类、贝类突发性的大批死亡。

2.慢性危害。当低浓度的污染物质排入水体之后，有些鱼类即作出敏捷的反应，逃离污染区域，造成鱼类栖度下降；有的鱼、贝、虾、蟹等水生生物因受污染而丧失繁殖能力，严重时导致绝迹。

3.降低鱼类的商品价值。当水体受到污染后，水中抗污能力较强的鱼种存活下来，但也出现生长发育不良、甚至畸形等现象。有的鱼失去鲜美味道，甚至在其体内含有危害人类的有毒物质，从而降低或失去了商品价值。

水体中几种主要污染物质对鱼类的影响见表3-10。

几种主要污染物对鱼类的影响　　　　　　　　　　　　表 3-10

| 污 染 物 | 对 鱼 类 的 影 响 |
|---|---|
| 悬 浮 物 | 堵塞鱼鳃、消耗溶解氧、使鱼类窒息、死亡 |
| 氮、磷、钾、有机废水 | 消耗溶解氧，使鱼类窒息死亡 |
| 酸、碱 | 鱼类血液发生变化，鱼鳃外皮溶解、凝缩，影响鱼类生长发育 |
| 氰 化 物 | 鱼类呼吸酶细胞的色素丧失活性 |
| 硫 化 物 | 影响鱼类呼吸机能 |
| 农 药 | 严重时中毒、死亡 |
| 氮 | 鱼体中毒，降低鱼类血红蛋白结合氧气的能力 |
| 酚 | 影响鱼类生长，抑制鱼卵的胚胎发育，鱼类有异味 |
| 石 油 类 | 油浮于水面，使鱼类因缺氧而窒息死亡 |
| 多 氯 联 苯 | 其毒性在鱼类体内积累，污染鱼肉 |
| 氯 | 对鱼类产生刺激性中毒、死亡 |
| 硝 基 苯 胺 | 毒化血液，使鱼麻痹，甚至死亡 |
| 汞、镉、锌、铅、铜、铝、镍 | 重金属排入水体后，可使鱼鳃表面的粘液沉淀，呼吸困难；毒物可在鱼体内蓄积，毒性增加，失去食用价值 |

### （三）水体污染对农作物的危害

水体污染物对农作物的危害，主要有直接毒害、营养素过剩和土壤恶化等。

1.直接危害。工矿企业废水中的重金属等有毒物质，可直接被农作物吸收，产生中毒症状，降低了农产品的产量和质量。据有关资料介绍，利用含有毒污染物的污水灌溉不同发育阶段的水稻，均产生明显中毒症状（见表3-11）。

用污水灌溉水稻产生的中毒症状　　　　　　　　　　表 3-11

| 生 长 发 育 期 | 受 害 症 状 | 备 　 注 |
|---|---|---|
| 育 苗 期 | 发育不良、萎缩；茎叶徒长，变为褐色；枯死 | |
| 定 植 期 | 除上述现象外，还呈现生长不良 | |
| 分 蘖 期 | 分蘖迟缓、无效分蘖增多、徒长；叶尖变为褐色，卷缩；根变黑枯死 | 此时期受害植株能部分恢复 |
| 孕 穗 期 | 除上述现象外，还发生侧穗，出穗迟缓 | 此时期非常敏感 |
| 出 穗 期 | 下叶变黄，倒伏，早枯 | 此时期非常敏感 |
| 成 熟 期 | 萎蔫、枯死 | |

2.营养素过剩。许多工业企业排放的废水和居民生活污水中，都含有大量的有机物和氮、磷、钾等植物营养素。合理利用污水灌溉，可达到增长效果。但如果水中营养物质过剩，或管理不善，便会引起农作物徒长，贪青倒伏、晚熟、发生病虫害等，造成农作物大量减产。

3.土壤恶化。采用受污染的水体灌溉农田、菜地，水中大量的有毒、有害物质，就会沉积于土壤之中，使土壤质量变坏，造成土壤污染，并对农作物的生长发育产生许多不良影响。水中的悬浮物质，可在土壤表面形成板结层；无机物质可使土壤物理性状恶化，盐渍板结，通气性能差，影响农作物根系发育，造成减产；酸性污染物质还会使土壤酸化，影响农作物的生长。

第五节　噪声污染与危害

村镇环境除了受大气污染、水体污染、固体废弃物污染的影响外，还有一种是通常看不见，即所谓的无形污染——噪声的干扰，对环境影响和对人体危害也是不容忽视的。

一、环 境 噪 声 概 述

**（一）什么是噪声**

在人们的日常生活和生产活动中，声音是一种不可缺少的重要环境因素。然而有的声音是人们日常生活中所需要的或者是喜欢听的，但有的声音却是不需要的、听起来使人厌烦、甚至使人发生耳聋或其它疾病，后者就是噪声。从物理学观点讲，噪声是各种不同频率和声强的声音无规律的杂乱组合，如汽车的轰隆声，机器的尖叫声等，它的波形图是没有规则的非周期性的曲线；从生理学观点讲，凡是使人烦躁、讨厌、对人们生活和工作有妨碍的声音都叫噪声。噪声作为声波的一种，它具有声波的一切特征。

**（二）噪声的特征**

1.噪声属于感觉性公害。噪声对环境的污染与工业"三废"一样，是一种危害人类环境的公害。但就其性质而言，噪声属于感觉公害。所以，评价噪声危害主要取决于受害人的生理和心理因素。然而噪声对人体影响和危害的测定是相当复杂的问题，同样响度噪声对不同的人可能反映不一样，人们所处环境和个人生理、心理状态不同，老年人与青年人，脑力劳动者和体力劳动者，健康人和患病者，同样响度噪声在白天和夜间都会对人产生不一样的影响和危害。因此，环境噪声标准必须根据不同时间，不同地区和人所处的不同行为状态来制定。

2.噪声是局限性和分散性公害。所谓局限性和分散性主要是指环境噪声影响范围的局限性和环境噪声源分布的分散性。如工业噪声源污染范围只是邻近地区，噪声能量传播随距离增加和受建筑物阻挡很快被衰减，而不象大气污染涉及到一个地区或一个村镇。另外噪声源在村镇中的分布是多而分散的，流动的车辆、乡镇企业的发展，给治理上带来很多困难。此外，噪声污染是暂时性的，噪声源停止发声后，危害即可消除，不象其他污染源排放的污染物，即使停止排放，污染物在长时间内还是残留着，污染是持久性的。

## 二、声学的基本知识

### （一）声波

声音是由物体振动而产生的。振动在弹性介质中（气体、固体和液体）以波的方式进行传播，这个弹性波就叫声波。

声波每秒振动的次数称为频率（$f$），单位是Hz。一般人耳可听到的声音频率范围是20～20000Hz。频率愈高，声音愈尖锐；频率愈低，声音愈低沉。20Hz以下称为次声，20000Hz以上称为超声。

声波在一定介质中每秒传播的距离称为声速（$c$），单位是m/s。在不同介质中和不同温度下，声速是不一样的。如在常温（20℃）标准大气压下，在空气中的速度为344m/s。在水中是1450m/s，在钢铁中是5000m/s。这也就是火车在很远的轨道上运行，当我们看不见也听不到它的声音时，把耳朵贴在钢轨上，就可以听到远处传来火车的声音。声速随着温度的升高而增大，空气温度每升高1℃，声速约增加0.6m/s。

声波在每振动一次中传播的距离叫波长（$\lambda$），单位是m。如声波是在空气中传播，空气便一密一疏的振动，在两个相邻的密部或两个相邻的疏部之间的距离就是一个波长。

声波的波长（$\lambda$）、声速（$c$）和频率（$f$）是声波的三个基本量，它们之间的关系是：

$$\lambda = \frac{c}{f}$$

从上式可以看出，在一定声速时，声波的波长与频率是成反比的，声音的频率愈高，波长就愈短，相反频率愈低，波长就愈长。

### （二）噪声的量度

声波是一种疏密波，当它使空气变密时，压强就增高，当空气变稀时，压强就降低。正由于这种声波引起空气质点振动，使大气压产生迅速的起伏，这种起伏称为声压（$P$），单位是N/m²。声压越大，对人耳鼓膜产生的压力越大，声音听起来也越响，所以人们就用声压大小作为衡量声音强弱的尺度。

正常人耳刚能听到的声压称为听阈声压，其强度是$2 \times 10^{-5}$N/m²，当声压达到20N/m²时，将使人耳产生疼痛的感觉，此时的声压称为痛阈声压。从听阈到痛阈，声压的绝对值相差一百万倍，因此用声压的绝对值来表示声音的大小是很不方便的。为了便于使用，人们便引出一个成倍比关系的对数量——级，来表示声音的大小，这就是声压级。它采取频率为1000Hz的听阈声压作为基准声压（$P_0$），其它任何声音的声压与基准声压之比的对数乘以20。

声压级的单位是分贝（dB），它的数学表达式为：

$$L_P = 20 \lg \frac{P}{P_0}$$

式中　　$L_P$——声压级（dB）；

$P$——声压（$N/m^2$）；

$P_0$——基准声压，为$2 \times 10^{-5} N/m^2$，是1000Hz的听阈声压。

把听阈到痛阈的声压变化范围$2 \times 10^{-5} \sim 20 N/m^2$，代入上式则可得出听阈声压级为零分贝、痛阈声压级为120dB之间的变化范围。

噪声除了强度大小外，还有一个音调高低的问题，也就是声音的频率问题。因为人耳对不同频率的声音灵敏度是不同的。两个声音声压级相同，但频率不同，听起来是不一样响的。一般说来，人耳对高频声敏感，特别是对$2000 \sim 5000$Hz的声音最敏感，对低频声比较迟钝。根据人耳特性，参考等响曲线，设置计权网络$A$、$B$、$C$，使接受的声音按不同的程度滤波，$C$网络是模拟人耳对85方纯音的响应，在整个可听频率范围内有近乎平直的特性，它让所有频率的声音近乎一样的程度通过，因此它代表总声压级。$B$网络是模拟人耳对70方纯音的响应，它使接收的声音通过时，低频段有一定的衰减。$A$网络是模拟人耳对40方纯音的响应，它使500Hz以下低频声有较大的衰减，这样听出来的声级数就叫做$A$声级，记作dB（$A$）$A$声级和人耳对声音的主观感觉相对比较接近，所以近年来，在噪声测量中通常就用$A$声级表示噪声的大小。

### 三、噪声污染的危害

噪声的危害是多方面的。一般来说，声音在50dB以下时，环境是安静的；当到了$80 \sim 90$dB，就显得特别嘈杂；如果达到120dB以上，耳朵就开始感到难受并有发生听觉伤害的可能。虽然每个人所处的环境、身体健康状况、心理状态等不同，对噪声的感受不完全一致。但当噪声不断骚扰环境时，却都身受其害。所以噪声不仅危害人们的正常工作和生活，还会影响人体健康，甚至引起各种疾病。

环境噪声对人体的危害大致表现在以下几个方面：

**（一）影响睡眠、休息和谈话**

环境噪声影响人们的正常生活，最主要是表现在妨碍睡眠，影响休息、干扰谈话等。

连续噪声可以影响入睡，加快使人们由深睡到轻睡的回转、多梦，使熟睡的时间缩短。突然噪声可使人惊醒。据研究认为，连续噪声如达70dB，受影响的人就有50%。突然噪声在40dB时，可惊醒10%的睡眠者；60dB时，则可使70%的人惊醒。在村镇中使人心情烦躁、身体疲倦、睡眠不足、妨碍休息的是对居民影响范围较广的$60 \sim 85$dB的中等噪声。

噪声还干扰谈话、影响学习和思考问题等脑力劳动。一般人们谈话的声音在60dB左右，如果噪声级与谈话相近，就会干扰人们正常谈话。如噪声级高于谈话声10dB，说话就听不见了。噪声级达到90dB以上，即使大声叫喊也听不清楚了。至于进行学习和思考问题等脑力劳动则要求有更安静的环境。噪声会使人精神不集中，反应迟钝，以至无法思考问题。

### （二）损伤听觉

在噪声环境下工作，听力会暂时受到损失，离开噪声环境后，听力可以得到恢复。但是如果长时间在强噪声环境下工作，并长期持续不断地受强噪声的刺激，那就会使人耳听力减退，以至最后发生噪声性耳聋。据研究认为，凡听力损失达25dB以上者就可认为是噪声性耳聋。早期噪声性耳聋听力损失为15～40dB，称轻度耳聋；听力损失达60～85dB时，为重度耳聋；听力损失大于85dB时为全聋。

噪声性耳聋除了与噪声的强度和频率有关外，还与工龄成正比，工龄越长，发病率越高。在一般情况下，经常暴露在90dB以上噪声环境中长期工作，就有可能发生噪声性耳聋。根据国际标准组织（ISO）和美国的统计资料表明了在不同噪声级下长期工作与耳聋发病率的关系（见表3-12）。

我国医学工作者调查了不同行业的工人听力，也发现许多工种如果不采取适当的噪声控制措施，噪声性耳聋的发病率可达50～60％。

**工作40a后噪声性耳聋发病率（％）** 表 3-12

| 噪声级[dB($A$)] | 国际统计ISO | 美国统计 |
|---|---|---|
| 80 | 0 | 0 |
| 85 | 10 | 8 |
| 90 | 21 | 18 |
| 95 | 29 | 28 |
| 100 | 41 | 40 |

### （三）引起多种疾病

在噪声作用下，除听觉器官受损伤外，还对人体其它系统发生影响，诱发引起多种疾病，如眩晕、失眠、耳鸣、头痛、记忆力减退、恶心、乏力、心悸等，这些症状随着工龄增长而加重，对人体健康有严重的危害。但这些影响也是根据每个人的体质差异而有所不同。

噪声还对心血管系统产生不良影响。噪声可引起交感神经紧张，从而产生心跳加快、心律不齐、心电图T波升高或缺铁型改变、传导阻滞、血管痉挛、血压变化等现象。同时还伴随有肠胃机能阻滞、唾液分泌量减少和胃液酸度降低，造成消化不良、食欲不振、恶心呕吐等。

### （四）降低工作效率

在嘈杂的环境里，使人对不太强的噪声感到讨厌，精神不易集中，影响工作效率。虽然对工作效率的影响，目前还没有一致的数据，但若干调查表明，去除干扰的噪声后，效率显著提高，差错减少。有人对打字、排字、速记、校对等工种进行过调查，发现随着噪声级的增加，差错率都有上升。电话交换台噪声级如从50dB降到30dB，差错率就减少42％。还有人作过计算，由于噪声影响，可使劳动生产率降低30～50％。

此外，噪声还给生产活动和经济活动造成损失。巨大的轰鸣声可以使房屋墙壁震裂、玻璃震碎、烟囱倒塌等等。强烈的噪声还影响精密仪器设备的正常运转以至失灵，使科研、国防建设和现代化生产遭到损失。


## 第六节　环境污染的监测

环境监测是指测定代表环境质量的各种标志数据的过程。它是在环境分析的基础上发展起来的。它是环境保护工作的基础工作之一，有人把环境监测比作环境保护工作的耳目，是有一定道理的。环境监测应该为环境管理服务，为保护和改善人类生存环境服务。

## 一、环境监测的目的

1.为环境质量评价、为环境预测和规划服务。

（1）提供反映环境质量现状的数据，并判断环境质量状况是否符合国家规定的环境质量标准。

（2）确定各种污染物的时间和空间分布，确定污染物的来源和污染途径，预测环境污染的发展趋势。

（3）提供环境污染和环境破坏对生态系统和人体健康影响和危害的信息，为加强环境管理提供科学依据。

（4）确定污染源造成的污染影响，判断污染影响的空间范围，评价污染治理后的实际效益。

2.为环境法规和标准的制定，为环境污染综合整治，提供基础资料。

（1）积累环境背景值和污染数据，为制定国家和地方的环境法规和标准服务。

（2）通过长期、大量的监测、验证和完善各种污染模式，为环境污染的预测预报提供可靠、准确的资料。

（3）为环境影响评价提供基础资料，为建设项目选点、定点提供预测模式；为排污收费和污染源管理提供数据；为环境污染综合整治提供依据。

（4）监视环境质量变化，不断修改、完善环境法规、标准，不断充实、完善环境污染综合整治方案。

3.通过环境监测，积累环境监测资料，为准确掌握环境背景值和环境对污染物的承受能力提供科学依据。

4.通过环境监测，揭示新的污染问题，探明污染原因，确定新的污染物质，为环境科学研究指明方向。

## 二、环境监测的分类

### （一）按监测目的分类

按监测目的可分为四种：

1.监视性监测。又称常规性监测。它是各级各类环境保护监测机构的日常工作。它监视城乡环境中已知有害物质的变化趋势，评价治理和控制措施的效益，判断环境法规和标准实施的效果，建立各级、各类监测网，积累监测数据，据此确定一个村、一个乡（镇），一个区域，一个国家甚至全球的污染状况及其发展趋势。

2.研究性监测。它首先要确定污染物。然后通过监测，弄清污染物从污染源排出后，其迁移变化的趋势和规律。当收集到的数据表明存在环境问题时，还必须研究确定污染物对人体、生物体和其他物质的危害程度。

这类监测系统比较复杂，需要有一定专长的技术人员参加操作，并对监测结果作系统周密地分析。因此必须有多学科的技术人员密切配合、相互协作才能完成。

3.事故性监测。它是指对事故性污染进行监测。如工业污染源意外事故造成的大气污染和水体污染等。事故性监测要求及时、准确。因此，一般常用监测车或监测船的流动监测、航空监测、遥感遥测等手段，确定污染范围和污染程度，以便采取必要的应急处理措施，尽可能减轻或减小损害。

4.仲裁性监测。此项监测主要为解决执行环境法规过程中发生的矛盾和纠纷。如目前我国在排污收费中进行的监测，处理污染事故时向司法部门提供的监测数据等。

### （二）按监测对象分类

按监测的对象可分为：大气污染监测、水体污染监测、土壤污染监测、生物污染监测等。

### （三）按污染物性质分类

按污染物的性质可分为：化学毒物监测、卫生（包括病原体、病毒、寄生虫、霉菌毒素等）监测、热污染监测、噪声污染监测、电磁辐射污染监测、放射性污染监测、富营养化监测等。

## 三、环境监测的原则

在环境监测中，由于受人力、监测手段、经济、设备等条件的限制，不可能包罗万象地监测、应根据需要和可能，选择最重要和最迫切的对象，制订环境监测计划，并要坚持以下原则。

### （一）监测对象选择的原则

一般认为，按照下面三个原则选择监测对象，是比较合理和有效的。

1.在调查的基础上，按照污染物的特性，选择那些毒性大、危害严重，影响范围广的污染物为监测对象。

2.必须保证所选的、需要监测的污染物，具有可靠的科学监测方法，并能获得有意义的结果。有些污染物虽然需要监测，但目前还没有可靠的监测方法，这时，环境监测就必须等方法确定以后才能开始。例如，甲基汞，苯并（a）芘，前者有剧毒，后者是强致癌物，它们的监测方法在我国直到80年代初才确立，因为对某些污染物来说，确定一个可靠的监测方法，是需要花费很长时间的。

3.必须保证监测的数据能作出正确的解释和判断，或者这种解释和判断的正确性是已知的，能用环境标准或对人体健康和生态系统的影响和危害作出合理的评价，防止环境监测工作的盲目性。如果对监测数据既没有标准可以比较，也不知道对人体健康、生态系统有什么影响，这时，对这种污染物应先研究它对环境的影响，制订出环境标准，然后才能制订环境监测计划。

### （二）优先监测的原则

影响环境的污染物种类很多，在需要监测而又可能监测的对象中，由于项目繁多，而且不能同时监测时，则必须根据下列原则确定优先监测的污染物。

1.污染物本身的重要性。污染物影响的范围不同，有些属于局部地区的有毒有害物质，有些属于全国性甚至世界性的污染物。后者对环境的影响范围大，就必须优先监测。

2.监测方法的有效性。一般地说，环境监测要等到方法已基本成熟并证明监测已经有效时才能进行。否则，应致力于监测方法的研究，而不是要过早地去监测环境中的含量。因此，已有可靠的监测方法并能获得准确的数据的污染物应该优先监测。

3.问题的迫切性。某些污染物的含量，远在标准浓度之下，其影响不大，对于这些污染物可以间隔较长周期地监测或不监测。反之，某些污染物在环境中的含量已接近或超过规定的标准浓度，且其污染趋势还在上升，则应予以优先监测。

4.样品的代表性。样品有广泛代表性的应该优先监测。例如，采集河流底泥作为监测水体在一段时间内的重金属含量样品，比经常监测个别水样更为经济有效。监测某一地区生态系统中地衣群落的组成和数量，借此了解该地区硫氧化物和光化学烟雾的污染情况，比监测个别大气样品更具有代表性。

5.标准的确定性。已制定环境标准的污染物，已有其他规定或标准的污染物，应优先监测。但国家和省、自治区、直辖市有统一规定的监测项目，不存在选择和优先的问题，应该按统一规定的要求去监测。例如，水质监测中，要根据水体功能不同，确定优先监测项目。饮用水源要根据GB 5749—85《生活饮用水卫生标准》上所列的项目安排监测，农田灌溉和渔业用水要根据GB 5084—85《农田灌溉水质标准》和GB 11607—89《渔业水质标准》上所列项目安排监测，并要优先安排有毒、有害污染物的监测。

#### 四、环境监测点和监测时间的选择

合适的采样点和采样时间是取得有代表性数据的根本保证。

选择采样点时要考虑下列因素：污染物的特性，污染物排放途径和时间分布，监测地区的自然环境和社会环境概况，监测地区历史上的监测资料，监测仪器、设备、车辆、人力等条件。在选择采样点的基础上，再选择合适的采样时间和频率，二者结合起来，就有可能获得有代表性的数据。

##### （一）大气采样点和采样时间的选择

1.采样点的分布。采样点的分布要能够反映大气污染的浓度特征，在监视性监测中常用网格法设点。这种布点方法不受人为因素的干扰和影响，随机性强，较能客观地反映污染物的时空分布。对于高架点源（如锅炉房烟囱），一般采用同心圆网格法和同心圆轴线法，这种布点方法要注意主导风向，采样点设在下风向，在上风向可以设一个对比采样点。除上述均匀布点方法外，还有根据村镇土地利用分区或功能分区来设点，这种布点方法对于研究环境污染与人体健康的关系是比较适用的。总之，采样点应注意符合下列条件：具有代表性和可比性，具有相对的稳定性和可靠性，避免相互干扰和影响等等。

2.采样时间和频率。环境监测按时间尺度来划分可分为短期的，间歇性的和长期的三种类型。

短期的监测是为某种目的服务的，这类数据只能说明特定条件下的一些环境问题，不能用这类数据代表一般规律。

间歇性的监测，如果能长期地积累监测数据，对大气污染发展趋势进行分析和对大气污染控制方案进行评价是有用的。我国的常规监测多属于间歇性的监测。

长期的监测可以避免短期的和间歇性的监测的缺点，达到环境监测的目的。

我国大气监测中，受人力、物力的限制，采样频率很低，多数地区全年加起来只有60 h。要充分利用这60 h，详细研究污染物的时间分布特点，争取把采样时间安排在可测出最大值、最小值和平均值的时间段内，要比较客观地反映大气污染的真实状况。

##### （二）水质采样点和采样时间的选择

1.采样点的位置及分布。水质采样点要根据监测目的、水的用途、监测水体所处位置、监测数据要求等因素来选择。

在地面水监视监测中，对河流的监测，采样点要设在居住区或工业区上游断面处、废水排出口上游和下游断面处，各断面采样点在断面上要均匀分布。对水库、湖泊的监测，采样点应设在污染物入口、用水点和湖心等处。

在地下水监视监测中，一般可采用网格法进行布点。

2.采样时间。在地面水监测中，在废水排放口下游各断面采样时，由于污染物排放时间的不均匀性，应在6～8h内，每隔15～60min采样一次，最后等量混合成平均样品。如果废水排放在数天内，甚至在1～2周内有较大变化时，则应在7～14d内逐日采样，每隔1～2h采样一次，每天6～8次，混合成平均样品。为了掌握河流水质季节变化情况，可在丰水期和枯水期分别采样。

在地下水监测中，可在地下水丰水期和枯水期分别采样，每季度一次或每年二次，必要时可每月一次。

## 练 习 题

1.对大气环境影响较大的主要污染物有哪几种？它们对人体健康有哪些危害？

2.什么叫土壤污染？土壤污染物的种类及危害有哪些？

3.村镇主要固体废弃物有哪些？它们对村镇环境有哪些危害？

4.水体污染物分为几种类型？它们对农作物的主要危害是什么？

5.什么叫噪声？噪声对人体健康有哪些危害？

6.环境监测的目的是什么？环境监测应遵循的原则是什么？环境监测如何分类？

# 第四章 村镇中的主要污染源

随着村镇经济建设的飞速发展，居民的物质文化生活水平得到了显著提高。然而，在发展和建设的同时，由于人口的密度增大，各种人为活动（生产和生活）的加剧，也相应地产生了各种各样的环境问题，特别是在一些经济发展较快的地区，其环境问题十分严重。

在进行村镇环境污染的治理和环境规划之前，必须首先了解和调查环境污染的原因，了解和调查产生污染物的设备、装置、场所等，即通常所说的污染源。对于村镇环境来说，主要污染源有工业污染源，农业污染源、交通运输污染源和居民生活污染源等。

熟悉掌握村镇环境的主要污染源及其发展变化规律，是做好村镇规划、环境规划、污染源的管理及防治等工作的基本条件。

## 第一节 工业污染源

位于农村环境中的国营或集体工业企业和数目繁多的乡镇工业企业的废气、废水、废渣和噪声，是村镇环境的主要污染因素。近年来我国乡镇企业发展很快，从门类上看，除了第三产业和某些加工工业外，许多工业如冶金、电力、煤炭、化工、建材、皮革、造纸等十多种行业，在生产过程中都会产生污染物，造成对环境的污染和破坏。工业性污染物质产生的主要途径有以下几个方面。

### 一、燃料燃烧造成的污染

工业企业在生产过程中，其所需动力、热能主要来源于燃料的燃烧。目前，我国村镇的工业燃料主要以煤为主，煤在燃烧过程中产生烟尘、一氧化碳、二氧化硫、氮氧化合物等有害物质。如以石油为燃料，则产生烃类（如碳氢化合物）等有害物质。这些污染物质是从各种锅炉、窑炉和汽车等燃烧装置中产生的。所以，当村镇中有大量的炉、窑和烟囱集中在居民区时，就可能造成严重的大气污染。

表4-1为以石油或煤为燃料、原料产生的废气量，即每烧一吨燃料或每用一吨原料排

以石油、煤为燃（原）料产生的废气量　　　　　　　　表 4-1

| 污　染　源 | 污　　染　　物 | 废　气　量 (kg/t) |
|---|---|---|
| 锅　　炉 | 粉尘、二氧化硫、一氧化碳、酸类和有机物 | 5～15（燃料） |
| 汽　　车 | 二氧化氮、一氧化碳、酸类和有机物 | 40～70（燃料） |
| 炼　　油 | 二氧化硫、硫化氢、氨、一氧化碳、碳氢化氢 | 20～150（原料） |
| 化　　工 | 二氧化硫、氨、一氧化碳、酸、溶剂、有机物、硫化物 | 50～200（原料） |
| 冶　　金 | 二氧化硫、一氧化碳、氟化物、有机物 | 50～200（原料） |
| 矿石处理加工 | 二氧化硫、一氧化碳、氟化物、有机物 | 100～300（原料） |

放到大气中的污染物的重量。如果已知整个村镇燃料与原料的总消耗量，就可大致推算出该村镇每年排入大气中的污染物的总重量。

## 二、工业生产过程中造成的污染

在工业生产的过程中，由于生产的原料、方式等不同，也会产生大量不同的有害物质和气体进入大气中。表4-2为各工业部门向大气排放的主要污染物。

**各工业部门向大气排放的主要污染物**　　　　　　　　　　表 4-2

| 工 业 部 门 | 企 业 名 称 | 向 大 气 排 放 的 污 染 物 |
|---|---|---|
| 电　力 | 火力发电厂 | 烟尘、二氧化硫、氮氧化物、一氧化碳 |
| 冶　金 | 钢 铁 厂 | 烟尘、二氧化碳、一氧化碳、氧化铁、粉尘、锰尘 |
|  | 炼 焦 厂 | 烟尘、二氧化碳、一氧化碳、硫化氢、酚、苯、萘、烃类 |
|  | 有色金属 | 烟尘（含有各种金属如铅、锌、铜、……）、二氧化硫、汞蒸气 |
| 化　工 | 石油化工厂 | 二氧化碳、硫化氢、氧化物、氮氧化物、氰化物、烃类 |
|  | 氮 肥 厂 | 烟尘、氮氧化物、一氧化碳、氨、硫酸气溶胶 |
|  | 磷 酸 厂 | 烟尘、氟化氢、硫酸气溶胶 |
|  | 硫 酸 厂 | 二氧化硫、氮氧化物、一氧化碳、氨、硫酸气溶胶 |
|  | 氯 碱 厂 | 氯气、氯化氢 |
|  | 化学纤维厂 | 烟尘、硫化氢、二硫化碳、甲醇、丙酮 |
|  | 农 药 厂 | 甲烷、砷、醇、氯、农药 |
|  | 冰晶石厂 | 氟 化 氢 |
|  | 合成橡胶厂 | 丁二烯、苯乙烯、乙烯、异丁烯、戊二烯、丙烯、二氯乙烷、二氯乙醚、乙硫烷、氯化钾 |
| 机　械 | 机械加工 | 烟　尘 |
|  | 仪 表 厂 | 汞、氟化物、铬酸 |
| 轻　工 | 造 纸 厂 | 烟尘、硫酸、硫化氢 |
|  | 玻 璃 厂 | 烟　尘 |
| 建　材 | 水 泥 厂 | 烟尘、水泥尘 |

任何工业生产过程都不可能将原料全部转化为人们所需要的产品，产品以外的剩余物料或副产品便成为村镇环境的污染物质。例如用银和硝酸制取硝酸银，尽管生产过程简单，但也有部分原料转化为一氧化氮、二氧化氮等有害气体。

由于较复杂的生产工艺过程，或者工业原料本身带有杂质，或由于工艺流程过长，反应复杂，中间产物较多（如染料工业）等原因，使得工业排出物中含有多种复杂的污染物质。再由于管理不善或设备简陋，维修不及时，工业企业中跑、冒、滴、漏也会造成物料流失的污染。另外，还有许多工业产品本身就是环境的污染物质，例如DDT、六六六等农药，以及联苯胺、多氯联苯等。这些产品的生产和大量使用，都会给环境带来严重后果。

## 三、工业废水造成的污染

水是工业生产的重要资源，工业用水量占村镇整个用水量的比重很大。大部分工业企业所用水经过生产过程以后，就会产生夹带着各种有机或无机杂质的工业废水。工业废水的品种繁多，成分复杂，是水体污染的主要来源，表4-3为部分工矿企业废水的主要有害成分。

**部分工矿废水的主要有害成分**　　　　　　　　　　表 4-3

| 工厂名称 | 废水中主要有害物质 | 工厂名称 | 废水中主要有害物质 |
|---|---|---|---|
| 焦化厂 | 酚、苯类、氰化物、焦油、砷、吡啶、游离氯 | 化纤厂 | 二硫化碳、磷、胺类、酮类、丙烯腈、乙二醇 |
| 化肥厂 | 酚、苯、氰化物、铜、汞、氟、砷、碱、氨 | 仪表厂 | 汞、铜 |
| 电镀厂 | 氰化物、铬、铜、镉、镍 | 造船厂 | 醛、氰化物、铅 |
| 石油化工厂 | 油、氰化物、砷、吡啶、碱、酮类、芳烃 | 发电厂 | 醛、硫、锗、铜、铍 |
| 化工厂 | 汞、铅、氰化物、砷、萘、苯、硫化物、硝基化合物、酸碱 | 玻璃厂 | 油、醛、苯、烷烃、锰、镉、铜、硒 |
| 合成像胶厂 | 氯丁二烯、二氯丁烯、丁二烯、铜、苯、二甲苯、乙醛 | 电池厂 | 汞、锌、醛、焦油、甲苯、氰化物、锰 |
| 造纸厂 | 碱、木质素、氰化物、硫化物、砷 | 油漆厂 | 醛、苯、甲醛、铅、锰、钴、铬 |
| 农药厂 | 各种农药、苯、氯醛、酸、氯仿、氯苯、砷、磷、氟、铅 | 有色冶金厂 | 氰化物、氟化物、硼、锰、铜、锌、铅、镉、锗、其他稀有金属 |
| 纺织厂 | 砷、硫化物、硝基物、纤维素、洗涤剂 | 树脂厂 | 甲醛、汞、苯乙烯、氯乙烯、苯脂类 |
| 皮革厂 | 硫化物、硫、砷、铬、洗涤剂、甲酸、醛 | 磺药厂 | 硝基物、酸、炭黑 |
| 制药厂 | 汞、铬、硝基物、砷 | 煤矿 | 醛、硫化物 |
| 钢铁厂 | 醛、氰化物、锗、吡啶 | 铅锌厂 | 硫化物、镉、铅、锌、锗、放射性 |
| | | 磷矿 | 氟、磷、钍 |

工业生产需要大量的水，并排放相当数量的废水。据统计，每炼1t钢大约耗用200t冷却水，每生产1t纸需250～500t水。在乡镇企业中，大部分电镀厂在漂洗工艺中，其水的浪费量高达90％左右。一些乡镇企业使用自备水井，开采无控制，用水无限度，加之许多工厂废水排放无组织、无系统、无出路，只好就近排入坑塘沟渠。这样就使大量含有各种污染物质的废水，对村镇周围的水体、土壤造成不同程度的污染或破坏。

**四、工业固体废物造成的污染**

工矿企业排出的固体废物又称工业废渣，主要包括矿业废渣，冶炼废渣、工业垃圾以及建筑施工和污水处理场排出的固体废物。工业废渣主要来自采矿、冶金、煤炭、电力、化工、交通、食品、轻工、石油等工业的生产和加工过程。在上述工业企业中，又以采矿、冶金、化工及动力工业的排放量最大。如矿山的剥离、掘进及选矿废石；冶金工业的高炉渣、钢渣、铬铁矿渣及有色金属矿渣；化学工业的硫酸渣、电石渣、氯化钙；动力工业的煤灰渣、炉渣、油页岩渣等。工业固体废物不仅数量大，而且种类繁多，成分复杂，处理困难，并且侵占耕地、传播毒物和病菌，已成为环境的主要污染源之一。表4-4为村镇主要工业废渣的来源。

**五、交通运输造成的污染**

村镇交通运输事业发展较快，绝大部分乡镇通了公路，有些村镇地处于交通要道上，来往的汽车、拖拉机及机动船舶日益增多，给农村环境增加了新的污染源。

交通运输污染主要表现在三个方面：第一，交通运输工具在运行中产生的噪声及车轮扬尘；第二，运载有毒、有害物质车辆的泄漏和清洗车、船体的扬尘及污水，第三，汽油、柴油等燃料的燃烧所产生的有害废气等。

| 分　类 | 名　称 | 主　要　来　源 |
|---|---|---|
| 矿业废渣 | 采矿废石 | 开采各种金属、非金属矿山时剥离、掘进废石 |
| | 选矿废石 | 选矿富集时产生的尾矿废石 |
| | 煤矸石 | 采煤及洗煤中产生的矸石 |
| 冶金废渣 | 高炉渣 | 高炉炼铁排出的废渣 |
| | 钢渣 | 平炉、转炉、电炉等炼钢废渣 |
| | 铬铁渣 | 生产无碳铬铁合金排出的废渣 |
| | 有色金属渣 | 冶炼有色金属排出的各种废渣 |
| 化工废渣 | 硫酸渣 | 以黄铁矿为原料生产硫酸时的烧渣 |
| | 电石渣 | 以电石法制聚氯乙烯与醋酸乙烯的排渣 |
| | 磷渣 | 以磷矿石生产黄磷时的排渣 |
| | 赤泥 | 炼铝时浸出铝土矿中氧化铝后排出的废渣 |
| | 氯化钙 | 生产纯碱排出的废渣 |
| | 盐泥 | 电解食盐制烧碱的过程中排出的泥浆 |
| 燃料废渣 | 煤灰渣 | 燃煤火力发电厂、锅炉房、煤气炉等排的废渣 |
| | 油页岩渣 | 油页岩炼油或作为燃料燃烧后排出的废渣 |

　　目前，村镇的主要交通工具是汽车、拖拉机、机动船舶。汽车和拖拉机的内燃机排出的废气中有 80 多种物质，其中含量最高、危害最大的有一氧化碳、氮氧化物、烃类（碳氢化合物）、铅化合物等。交通运输污染源的特点是排放的废气距人们的 呼 吸 带（1.5m）很近，很容易直接被人们吸入，所以危害也最明显。表 4-5 为汽车排放的废气中污染物的含量。

　　此外，来自机器和设备的运转过程中产生的较强的振动和噪声，也影响着周围的环境。

汽车排放的废气中污染物的含量　　表 4-5

| 污染物名称 | 以汽油为燃料（g/l）小汽车 | 以柴油为燃料（g/l）载重汽车 |
|---|---|---|
| 铅化合物 | 2.1 | 1.56 |
| 二氧化硫 | 0.295 | 3.24 |
| 一氧化碳 | 169.0 | 27.0 |
| 氮的氧化物 | 21.1 | 44.4 |
| 碳氢化合物 | 33.3 | 4.44 |

　　人类的生产活动，不断对自然界的物质或能源进行开发和利用，大量的工业产品越来越多地代替一些天然物质。所有这些都会打破自然界原来的物质和能量的自然平衡状态，破坏生态系统的平衡，危及人们的健康。

## 第二节　农业污染源

　　农业生产虽然因受到城乡工业企业"三废"的影响而受到污染，但随着农业现代化程度不断提高，农用化学物质使用量急骤增加，农业生产本身也成为村镇环境的一个重要污染源。人类在农业生产过程中，不合理地使用化肥、农药，以及农业废弃物等有害物质的排放，都会造成对农业环境的污染和破坏。这样，许多有害有毒物质将通过生物富集作用和食物链的转移产生危害，至使农副土特产品质量降低，通过粮、棉、油、茶、蛋、禽、鱼、肉等输入城镇，危及城镇人民身体健康。

农业环境与村镇环境两者互相影响，互相制约，农业环境是村镇环境的一部分，村镇又处于农业环境之中，因此二者不可分割，而且实践证明，只有保护好农业生态环境，才有可能保护好整个村镇环境。从目前情况来看，农业污染物主要包括：各种化学农药、化学肥料和垃圾，以及用污水灌溉农田时产生的有机和无机毒物。

## 一、农 药 的 污 染

使用化学农药防治农田病虫害，能使农作物产量有显著的增长。但如果使用不当，就会出现农药污染，污染土壤、空气和水体，影响农业生产，危害人体健康。根据1990年农业部组织的全国农业环境质量调查，由于1983年国家禁止生产和使用有机氯农药后，粮食中的有机氯农药含量已比80年代初下降了一个数量级以上，但对农业环境的污染仍未消除，而新型替代性农业污染问题有所突出，目前全国仍有1亿亩农田遭受农药污染。

人们对农药的污染有一个认识过程，开始时只看到使用农药所带来的好处，而忽视了其害处，没有把它看成是一种污染源。但随后发现在土壤中、水体中的农药残留物造成大量鱼、鸟死亡的事件后，才引起了人们的重视和注意。如美国在1965～1969年间，因为农药的污染，造成大量鱼类死亡的案例共293起。

农药按生产原料不同可分为四类，即：有机农药、无机农药、植物性农药及微生物农药。有机农药也称合成农药，它是人工技术合成的，也是农村广泛使用的一类农药，主要品种有：有机氯、有机磷、有机汞、杀菌剂类；无机农药是用矿物原料加工而成的，如波尔多液等铜制剂、硫磺粉等硫制剂、白砒等无机杀虫剂；植物性农药是用天然植物原料制成的，如除虫菊素、烟碱、鱼藤酮等；微生物农药是用微生物或其代谢产物制造的，如白僵菌、青虫菌、春雷霉素等。

农药按其使用范围，大致可分为九类：一是杀虫剂，如敌敌畏、乐果、六六六、滴滴涕、西维因等；二是杀菌剂，如稻瘟净、稻肽青、代森辛、六氯苯、西力生等；三是杀螨剂，如三氯杀螨砜；四是杀线虫剂，如二溴氯丙烷；五是熏蒸剂，如氯化苦、溴甲烷；六是除草剂，如除草醚、灭草隆、灭草灵；七是植物生长调节剂，如矮壮素；八是杀鼠剂，如磷化锌、安妥；九是杀软体动物剂，如蜗牛散。

### （一）农药对环境的污染

目前，农村施用农药的方法是以药液喷洒和粉剂喷撒为主，其后果是约10%的农药飘浮在大气中，并可被浮游的尘埃吸附形成气溶胶，造成大气污染。农药施用后，有相当多的药剂将落入灌溉水体，或经雨水冲刷、淋溶而进入沟渠、鱼塘，最终转入江、河、湖、海等水域，几乎所有水体，都可能受到不同程度的农药污染。农业生产中施用的农药，最终有80～90%直接或间接地进入土壤，并且主要集中在地表至20cm深的土层中，形成土壤污染。农药对环境的污染及其对生物的影响见图4-1。

农药进入土壤后，进行着吸附、运行、降解、残留的综合过程。一般情况下，土壤腐殖质越多、含土壤粘粒越多，吸附有机农药的能力越强；越是不易在水中溶解的农药，越

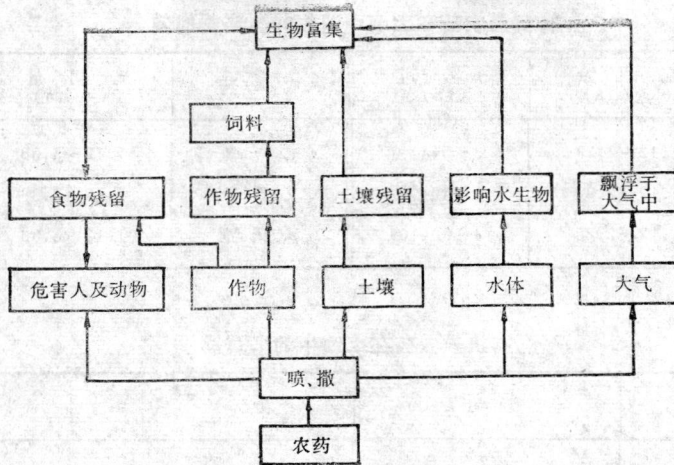

图 4-1 农药对环境的污染及对生物的影响示意图

容易被土壤所吸附。滴滴涕等有机氯农药就容易被含有机质和粘粒多的土壤所吸附，不易淋溶迁移，但可被农作物吸收，使农作物受到污染。砂性土壤中的农药，比粘性土壤中的更容易被作物吸收。农作物从土壤中吸收农药后，农药便从根部开始，向茎部、叶部、果实中转移，造成食品污染。农药在农作物体内各部位的分布情况是：根部大于茎和叶部，而茎和叶部又大于果实。进入土壤中的农药，在阳光、空气、水和微生物的作用下，可发生一系列的变化，如光化学降解、化学降解、微生物的分解和衰减作用，其中微生物是农药降解的主要因素，可将有机农药降解为二氧化碳和水等。各种农药由于其化学性质和被分解的难易程度不同，在土壤中残留的时间也因而有所差异。表4-6为不同农药在土壤中的残留时间。

不同农药在土壤中的残留时间　　　　　　　　　　　　　　表 4-6

| 农　　　药 | 残 留 时 间 | 农　　　药 | 残 留 时 间 |
|---|---|---|---|
| 氯　　　丹 | 5a | 草 乃 敌 | 8 个 月 |
| 滴 滴 涕 | 4a | 氟 乐 灵 | 6 个 月 |
| 六 六 六 | 3a | 2，4，5—涕 | 5 个 月 |
| 狄 氏 剂 | 3a | 倍 硫 磷 | 4 个 月 |
| 七　　　氯 | 2a | 2，4—滴 | 1 个 月 |
| 艾 氏 剂 | 2a | 乙 拌 磷 | 4 周 |
| 西 玛 津 | 1a | 对 硫 磷 | 1 周 |
| 莠 去 津 | 10个月 | 马 拉 硫 磷 | 1 周 |

由表4-6可以看出，有机氯农药在土壤中的残留时间最长，一般可达数年之久；苯类除草剂次之，残留期一般在数月至1a左右；有机磷农药的残留时间较短，一般只有几天或几周时间。不同品种的有机氯和有机磷农药，在土壤中的残留时间也不相同。表4-7为有机氯农药在土壤中消失90％所需的时间。表4-8为有机磷农药在土壤中的半衰期。

**（二）农药对食品的污染**

利用农药除草、防治病虫害的同时，对农作物本身往往也产生一定的危害。不同种类农药对农作物的安全性影响的顺序大致可表示为：杀虫剂大于杀菌剂，而杀菌剂又大于除

| 农　药 | 施用量<br>（kg/ha） | 所需时间<br>（a） | 农　药 | 施用量<br>（kg/ha） | 所需时间<br>（a） |
|---|---|---|---|---|---|
| 氯　丹 | 1.12～2.24 | 3～5（4） | 七　氯 | 1.12～3.36 | 3～5（3.5） |
| 林　丹 | 1.12～2.80 | 3～10 | 艾氏剂 | 1.12～3.36 | 1～6（3） |
| 滴滴涕 | 1.12～2.80 | 4～30（10） | 狄氏剂 | 1.12～3.36 | 8～25（8） |

注：括号内数字为平均年限。

有机磷农药在土壤中的半衰期　　　　　　　　表 4-8

| 农　药 | 半衰期（d） | 农　药 | 半衰期（d） |
|---|---|---|---|
| 甲拌磷 | 2 | 二嗪农 | 6～184 |
| 敌敌畏 | 17 | 乐果 | 122 |
| 甲基内吸磷 | 26 | 敌百虫 | 140 |
| 氯硫磷 | 36 | 三硫磷 | 170 |
| 甲基对硫磷 | 45 | 对硫磷 | 180 |
| 内吸磷 | 54 | 乙拌磷 | 290 |

注：半衰期指农药被降解一半所需要的时间。

草剂；植物性农药大于有机合成农药，有机合成农药大于无机农药。

有机氯农药对粮食类、油料类作物的污染程度也有所不同，一般顺序为：脂溶性油料作物大于淀粉类作物；花生大于大豆；小麦大于玉米和高粱；晚稻谷大于早稻谷；米糠大于糙米，而糙米又大于精白米。

六六六农药在各种水果中的残留量顺序为：李子大于梨，梨大于苹果，苹果大于柑桔，柑桔大于番茄。

滴滴涕在各种水果中的残留量也不一样，其顺序是：梨大于苹果，苹果大于桔子，桔子大于番茄，而番茄又大于李子。在所有的水果中，农药的残留量总是果皮大于果肉。

尽管农药在农副产品中的残留量通常都比较低，但动物和人类长期食用后，经过生物富集和食物链的传递，最终必然会危害到人体健康。特别是一些有机氯农药，对粮食、饲料、家禽、牲畜及其产品，如乳、肉、蛋等的污染相当普遍，而且十分严重。据北京地区有关部门监测结果表明，农副产品被农药污染的程度为：肉类大于蛋类，蛋类大于食用油，食用油大于家禽，家禽大于粮食，粮食大于蔬菜、蔬菜大于水果，水果大于牛乳。

目前，农村对农药的施用量仍然很大，尤其是对有机氯农药的施用量更大，它的化学性质稳定，脂溶性强，久而久之，便会使位于食物链顶端的人类深受其害。对此必须引起人们足够的重视，有关方面在调查研究中已检测出，在人体脂肪、人奶以至婴儿体内都发现了农药的残留物。

化工部已于1992年发出通知，决定从1993年起对六六六、滴滴涕、敌枯双、二溴氯丙烷等农药，禁止在农业方面使用。同时禁止在农业方面使用的农药还有杀虫脒，并已于1992年停止其生产。该决定的施行将有利于减轻农药对环境的污染及对人类和农作物的危害。

## 二、过多施用化肥造成的污染

肥料是农作物生长发育必不可少的养分，施用肥料是农业增产的重要手段。科学合理地施用化学肥料可以明显提高农作物的产量。**然而**，在农业生产中如果长期、过量或单一地施用化学肥料，不仅会使土壤和农作物质量下降，还会给村镇环境带来污染和危害。根据1990年农业部组织的全国农业环境质量调查结果。目前农业施用化肥的有效利用率仅为30％，其余约70％都挥发到大气中，或随雨水流入江河湖泊和渗入土壤，造成水域富营养化或饮用水源硝酸盐含量超过标准，一些地区由于化肥施用结构不合理，氮肥使用量大，已经造成土壤污染。据统计，目前劣质化肥污染农田面积达2500万亩。

在肥料中主要是氮、磷、钾养分，通称肥料三要素。

氮肥的污染主要是产生硝酸盐和亚硝酸盐类；磷肥中常常含有镉、氟、砷、放射性物质和稀土元素等污染物质。过量地施用化肥以及未经处理的村镇污水等，都会造成土壤和水体的污染。

过量的氮肥进入土壤后，尤其是氨态氮肥中的铵离子，能将吸附在土壤胶体上的钙、镁离子替换下来，破坏土壤的团粒结构，使土壤板结、肥力下降。尿素中含有 $1 \sim 8$％的缩二脲，对农作物有毒害作用。在弱光、气候干燥条件下，硝酸盐容易在土壤中积累，农作物通常是以硝态氮的形式从土壤中吸收氮的，有些农作物在一定条件下能积累硝酸盐，并在生长过程中将它还原成亚硝酸盐，进而与各种胺类作用生成亚硝胺。亚硝胺是一种强致癌物，对人体健康危害极大。

磷肥中含有的镉、砷、氟、矾及放射性物质等都会造成土壤污染。用含三氯乙醛的工业废酸生产的磷肥，施用后会使农作物严重受害。如果土壤中三氯乙醛超过一定限值时，农作物即出现严重受害症状，小麦就会枯死。过量的磷肥会导致土壤缺锌、缺铁，造成农作物减产。

化肥的污染是我国农村出现的又一环境问题，在部分地区，农业生产对化肥的依赖性很大。在化肥的使用上因缺乏科学的指导，不能做到因土施肥，也缺乏先进的技术，这是造成浪费和污染的重要原因。因此，必须从增加钾、磷肥生产，使化肥比例逐步趋合理，以及适时、适量、科学地使用化肥等方面着手，从而避免因使用化肥带来的污染问题。

## 三、农牧业废弃物的污染

农业生产和畜禽饲养业的废弃物，以及因此产生和衍生的污染物，已成为村镇一种新的污染源。

在农业生产方面，塑料地膜的应用，对改善农作物的生长环境，促进农业增产起到了一定作用。但根据调查统计，全国平均每亩农田残留地膜约5kg，全国农用地膜的平均残留率为20～30％，由于塑料地膜在土壤中不易被分解，从而对土壤的物理性状有极大的影响。

农业废弃物，在我国基本上用作肥料或作为烧柴，但在一些发达国家却视其为污染环境的固体废物。农作物残留物在处理时，往往采取焚烧的办法，但过多的集中焚烧也可产生相当严重的空气污染问题。

畜禽饲养业的废弃物主要有废草料、畜禽脱毛、畜禽粪尿和死畜禽等。其中以畜禽粪尿对环境的污染最为严重。畜禽粪尿对环境的污染主要表现在：一是对水体的污染；二是极易产生恶臭气味，造成空气污染；三是污染土壤。家畜粪尿的排泄量比人的粪尿排泄量大得多，而生化需氧量（BOD）、颗粒物（SS）等污染物质含量很高，因此对村镇环境的污染也较为严重。一头家畜每天排泄物的BOD和SS含量见表4-9。

一头家畜每天排泄物的BOD和SS值 表 4-9

| 家　畜 | 体　　重 | BOD | | SS | |
|---|---|---|---|---|---|
| | （kg/头） | 数　量（g） | 相当人口数 | 数　量（g） | 相当人口数 |
| 猪 | 40～80 | 200 | 15 | 700 | 30 |
| 牛 | 500～600 | 600 | 46 | 2900 | 130 |
| 马 | 500～600 | 220 | 17 | 5600 | 240 |

新鲜的畜禽粪尿具有恶臭，经微生物分解后，便会产生硫化氢、有机酸、醇、醛、酮、氨等恶臭物质。未经处理的畜禽粪便排入地面水域后，不仅污染水质，而且还污染水生生物，甚至导致鱼类死亡。

### 四、土壤流失及污水灌溉造成的污染

土壤本身有时也是一种污染物。不适当的毁林、垦荒造田，导致水土流失，同时某些污染物在降解或被土壤微生物及农作物利用前就进入地表水。在某种情况下，土壤则变成蔓延极广并污染江河、湖泊的沉积物。

我国引灌所用的污水，大多是工业废水和生活污水的合流污水。由于工业废水多数是未作净化处理，含毒较高，因而造成土壤中毒物的积累，有的地方甚至达到十分严重的程度。全国因工业"三废"污染的耕地达4000多万亩，每年减产粮食约100亿斤。污灌引起的农田土壤污染、生态影响以及对污灌区人民的健康影响等，都应引起人们足够的重视。污水灌溉造成污染的物质有重金属镉、汞、铅、铬和有机物酚、氰类的化合物等。

## 第三节　生活污染源

随着村镇建设的发展和居民物质文化生活水平的提高，居民生活中所排放出来的污染物越来越多，尤其是居民大量集中的村镇，易造成病菌的扩散和传播，如不妥善处置将会造成环境污染，威胁居民的健康。居民生活对环境的污染主要表现在以下三个方面：

### 一、生活燃料所造成的污染

目前多数村镇仍然靠燃煤或烧柴取暖做饭，煤和柴草在燃烧中会产生大量的有害有毒气体及粉尘，这是村镇大气污染的主要来源。由于数目较多的烟囱聚集于村镇有限空间，而且又是靠近地面集中在同一个时间排放烟尘，往往难以扩散，加之燃煤质量差，燃烧不完全，因此产生的烟尘、二氧化硫和一氧化碳等有害气体对环境的影响也是比较严重的，

直接危害着人们的身体健康。表4-10为居民生活燃烧每吨煤所排有害气体的重量。

## 二、生活污水所造成的污染

生活污水中除含有碳水化合物、蛋白质和氨基酸动植物脂肪、尿素和氨、肥皂和合成洗涤剂外，还含有细菌、病毒等使人致病的微生物。

目前我国村镇大多还没有排水设施，一般都是通过散排、地面径流而汇于坑塘或河流。在人口集中的村镇、生活用水量大，生活污水量也很大，由于没有下水道系统，污水

居民生活燃煤所排有害气体的重量　　表 4-10

| 污　　染　　物 | | 重量（kg/t） |
|---|---|---|
| 废　气 | 二氧化硫 | 170.0 |
| | 一氧化碳 | 22.7 |
| | 二氧化碳 | 3.6 |
| | 碳化氢 | 5.0 |
| 粉　尘 | 一般情况 | 11.0 |
| | 燃烧较好 | 9.0 |

随意排放，对环境的污染十分严重。污水中的有机物被好氧性微生物分解，同时消耗水中的氧气（溶解氧），当水体中的溶解氧低于4mg/L时，鱼类便难于生存。当水中氧气严重缺乏时，厌氧性微生物就会分解水中有机质，产生大量硫化氢（$H_2S$），使水体变臭，造成地面水污染，致使一些直接饮用河水的地区极易大规模地流行疾病。

## 三、生活垃圾所造成的污染

生活垃圾成分复杂，除含有以厨房垃圾为主的有机物质外，还含有一些重金属如镉、铜、汞、放射性等元素，有毒的药剂、塑料制品和玻璃制品等。许多村镇将未经处理的垃圾当肥料直接施入农田，导致土壤污染，从而使农副产品中含有残毒物质。除此之外，生活垃圾在堆放过程中，垃圾中的有机物质会变质腐烂，散发恶臭气味、孳生蚊蝇、繁殖老鼠等。垃圾中还有医院的废弃物和病患者的排泄物，这些垃圾如管理不善，任意堆放，病原微生物就会随雨水渗入地下或流入江河、池塘，污染地下和地面水源。也会随风飞扬，污染大气环境，造成传染病的流行。

生活垃圾量随着生活水平的提高也在不断增多。生活垃圾从每家每户中产生，涉及面广，因此，其收集、运输、贮存和处理各个环节都应注意对环境的污染和影响问题。

## 第四节　噪声污染源

噪声污染源可分为自然界噪声源和人为活动噪声源两类。自然界噪声源目前人们还无法控制，噪声干扰的控制主要是指控制人为活动噪声。在村镇环境中，凡是产生噪声的设备、装置和场所，都是人为噪声污染源。噪声也如同乡镇企业的"三废"一样，也是影响村镇环境的主要因素之一。

## 一、自然界噪声源

火山暴发、地震、雪崩、泥石流、滑坡、崩塌等地质和地貌作用，会产生空气声、地声和水声；自然界中还有潮汐声、雷声、瀑布声、风声等；自然界还有生物发出的声音，如夏季蝉鸣，频率较高，惹人烦恼。昆虫的飞行声是翅膀拍打空气产生的，如蚊、蝇的嗡嗡声，十分令人讨厌。所有这些非人为活动产生的噪声，统称为自然界噪声源。

## 二、人为活动噪声源

人为活动噪声源，按声源发声的场所不同，又可分为室内噪声源和室外噪声源（环境噪声源）。

### （一）室内噪声源

室内噪声有日常生活噪声，如群众集会，文娱宣传活动、人们活动的喧闹声、儿童游戏、婴儿啼哭声等。家用电器设备噪声，如收录机、电视机、电冰箱、洗衣机、电风扇、吸尘器、组合音响等。工业厂房内的噪声种类更多，各行各业不同，如纺织行业的纺纱机和织布机的噪声等。以上各种噪声对室内人们的工作、学习、休息和健康，以及左邻右舍的安宁有很大的影响，应限制其发声音量。

### （二）环境噪声源

随着村镇建设的发展，噪声的来源也越来越多，但目前环境噪声的来源主要有乡镇工业噪声、交通运输噪声、建筑施工噪声、公共活动噪声等。

1.乡镇工业噪声。乡镇工业噪声不仅直接危害操作工人的健康，而且对附近居民的影响也很大。不同企业的生产工艺，产生的噪声强度也不尽相同。工业噪声源主要有两类：一类是气动源，如风机、风扇、排气放空等。另一类是振动源，如铆枪、凿岩机、锻锤等的冲击噪声。据有关资料统计，江苏省震泽镇全镇有大小工厂58家，连同镇内的交通噪声及公共活动噪声一起，使全镇白天的平均噪声高达59.3dB，比南京市的噪声影响还大。主要工业噪声源的噪声强度见表4-11。

主要工业噪声源的噪声　　　　　　　　　　　　　　　表 4-11

| 声级　（dB） | 声　　　　　　　　　源 |
|---|---|
| 130 | 风铲、风铆、大型鼓风机、锅炉排气放空 |
| 125 | 轧材热锯(峰值)、锻锤(峰值)、鼓风机 |
| 120 | 有齿锯锯钢材、大型球磨机、加压制砖机 |
| 115 | 柴油机试车、双水内冷发电机试车、振捣台、抽风机、热风炉鼓风机、震动筛、桥梁生产线 |
| 110 | 罗茨鼓风机、电锯、无齿锯 |
| 105 | 电刨、大螺杆压缩机、砖碎机、织布机 |
| 100 | 麻、毛、化纤织机、柴油发电机、大型鼓风机站、电焊机 |
| 95 | 织带机、棉纺厂细纱车间、转轮印刷机 |
| 90 | 经纺、纬纺、梳纺、空压机站、泵房、冷冻房、轧钢车间、饼干成型、汽水封盖、柴油机、汽油机流水线 |
| 85 | 车、铣、刨床、凹印、铅印、平台印刷机、折页机、装钉连动机、造纸机、制砖机、切草机 |
| 80 | 织袜机、针织机、平印连动机、漆包线机、挤塑机 |
| 75 | 上胶机、过板机、蒸发机 |
| 75以下 | 拷贝机、放大机、电子刻印、真空镀膜、电线成盘机 |

2.交通运输噪声。交通工具如汽车、火车、轮船、飞机以及用于运输的拖拉机等，是活动的噪声源。由于农村经济的发展，市场的繁荣，来往于村镇的客货运输迅速增长，对公路沿线村镇居民的干扰越来越大。

汽车、拖拉机已发展为村镇的主要交通工具和农用机械。如湖北省云梦县黄湖村，全村有几十户人家，几乎每家都有一辆汽车或农用运输车，成为本地区有名的运输专业村。再如江苏有个柯桥镇，每天近100辆次班车，3000多辆过境机动车经过该镇，高峰小时车流量达每小时经过300多辆，并且噪声经常在80dB以上，严重地影响着该地区的居住环境。

机动车噪声的主要来源是：车辆起动、发动机的振动、刹车和鸣笛等产生的噪声。其噪声的强弱和行车速度有很大关系，车速提高一倍，噪声增加6～10dB。发动机超载，路面粗糙，加速或制动等，都会增加噪声。一般普通汽车产生的噪声在70dB以上，而拖拉机或载重汽车产生的噪声则经常在90dB以上，汽车的喇叭声可高达105dB。机动车噪声是村镇主要的噪声源，影响面非常广。

铁路噪声影响面虽然较小，只涉及铁路沿线村镇，但噪声强度很大。铁路噪声主要的来源是：机车运行、轨道振动和鸣笛三种噪声，前两者与行车速度有关，车速越快，噪声强度越高。如蒸汽机车行驶速度为50～60km/h时，相距20～30m处的噪声为90dB($A$)左右，速度增加或减少一倍时，噪声增减7.5dB。内燃机车同样车速和在相同距离的噪声可高达100dB($A$)以上，若采用消声装置，则噪声可降至90dB($A$)。表4-12为距轨道5m处，测得的机车行驶速度与机车噪声和轨道噪声值，这些数据说明机车速度与噪声呈正相关关系。

**不同车速的机车噪声和轨道噪声**　　　　　　　　　　表 4-12

| 速度(km/h) | 30 | 40 | 50 | 60 | 80 |
|---|---|---|---|---|---|
| 机车噪声(dB) | 95 | 102 | 105 | 106 | 108 |
| 轨道噪声(dB) | 90.5 | 97.5 | 100 | 102.5 | 104 |

**机车通过不同条件与正常运行的噪声级的比较**　　　　　表 4-13

| 条　　　件 | 正常运行时（dB） | 通过该环境条件时（dB） |
|---|---|---|
| 桥　梁 | 91～103 | 94～104 |
| 隧　道 | 93～98 | 97～104 |
| 道　岔 | 82～102 | 92～102 |
| 曲　线 | 73～96 | 74～98 |
| 过　站 | 85～102 | 87～102 |
| 会　车 | 92～97 | 93～100 |

当机车通过桥梁、隧道或过站、会车时，由于共振、声反射、瞬时摩擦和撞击，噪声级有明显增加。表4-13为机车通过不同环境条件与正常运行时噪声级的比较。蒸汽机车的汽笛声可达130dB左右。

位于飞机场附近的村镇，受飞机噪声的影响也很大。飞机噪声是目前国际上特别注意的噪声污染源，特别是超音速飞机不但发动机产生高强度噪声，而且会在空中产生强大的冲击波，即轰鸣声。据国外资料，当喷气机在1000m高度飞行时，能在地面造成4Hz以下的次声，强度达100dB，影响面积10000km²。飞机以超声速飞行时产生的轰声，扫掠过地面，可引起建筑物的破坏。据美国对3000起由于轰声而导致建筑物损坏事件统计中，可以认为轰声会造成建筑物的玻璃震碎、抹灰开裂、墙壁裂缝等损坏。

总之，交通运输噪声源点多、影响范围大，受危害人数也较多，因此，在村镇规划中对噪声源应加以控制，并采取相应措施，减轻噪声的干扰。

3.建筑施工噪声。在村镇修建房屋和道路工程等施工期间，各种建筑机械如打桩机、钻机、推土机、搅拌机、卷扬机等设备的运转，以及建筑工地装卸汽车等运输工具都产生噪声。这些噪声有的是冲击性的，有的是振动性的，对工地附近居民生活有一定影响，但此类噪声属于临时性和间歇性的，一旦工程竣工，噪声影响也就随之消除。需要注意的是对其噪声应在时间上加以控制，以确保居民休息时有一个安宁的环境。表4-14为距声源15m左右处测量的一般建筑工程用的机械噪声级波动范围。

建 筑 施 工 机 械 噪 声

表 4-14

| 施工机械类型 | 噪声级（dB） | 施工机械类型 | 噪声级（dB） |
|---|---|---|---|
| 推 土 机 | 78～96 | 刮 土 机 | 80～93 |
| 搅 拌 机 | 75～88 | 运土卡车 | 85～94 |
| 气锤气钻 | 82～98 | 打 桩 机 | 95～105 |
| 混凝土破碎机 | 85 | 压 缩 机 | 75～88 |
| 卷 扬 机 | 75～88 | 钻 机 | 87 |

4.公共活动噪声。由于村镇常住人口的聚增及流动人口的增加，使经济活动、社会活动及家庭生活活动日趋频繁。公共活动噪声是指村镇居民日常生活和社会活动等产生的噪声，包括家庭噪声、公寓噪声、娱乐场所、菜市场、高音喇叭、运动场、集贸市场的噪声等。这些噪声一般在80dB以下，没有生理危害，但对于邻近居民也是一种骚扰，因此，合理布置公共活动中心和中小学等也是村镇规划工作中需要解决的问题之一。

练 习 题

1.村镇中有哪几个主要污染源？
2.乡镇工业污染产生的主要途径有几个方面？
3.村镇交通运输污染主要表现在哪三个方面？
4.农业污染源主要包括哪几个方面？
5.生活污染源由哪几个部分组成？
6.什么是噪声源？它主要包括哪几个方面？

# 第五章 村镇环境污染的防治

实践证明：造成村镇环境污染容易，而若想消除污染则比较困难，不仅需要经过很长时间，而且有的要付出很大的代价。例如多年来对工业废水的治理，耗费了大量的人力、物力，虽然取得了一定成绩，但往往治理速度赶不上污染发展速度。因此，村镇环境污染的防治，必须树立长远观点，从全局出发，贯彻以防为主，防治结合的原则，并对新建项目严格执行"三同时"（即防止污染和其他公害的设施，必须与主体工程同时设计、同时施工、同时投产）的原则，加强环境管理工作，积极采取有效措施，改善环境污染状况。

## 第一节 大气污染的防治

### 一、有关大气污染标准的规定

确定防治大气污染的各项标准，是科学管理大气环境的依据和重要手段，也是有关大气环境保护法律的具体表现。

**（一）大气环境质量标准**

大气环境质量标准是为了保障人体健康和生态系统不受破坏而对大气环境中各种污染物含量规定的限度。环境质量标准是进行大气质量管理、评价大气质量、制定大气污染防治规划和污染物排放标准的依据。

1.空气质量四级水平。世界卫生组织（WHO）于1963年10月提出了空气质量的四级水平。四级水平如下：

第一级：对人对物观察不到直接或间接反应（包括反射性或保护性反应）的污染物浓度和暴露时间；

第二级：开始对人的感觉器官有刺激，对植物有损害或对环境产生其它有害作用的污染浓度和暴露时间；

第三级：可以使人的生理机能发生障碍或衰退、引起慢性病和缩短寿命的污染物浓度和暴露时间；

第四级：对敏感的人发生急性中毒或死亡的污染物浓度和暴露时间；

世界各国大多根据这四级标准，在进行调查研究及动植物、材料和人体反应的试验之后，再结合本国实际，制定本国的大气环境质量标准。制定标准时都考虑了各地区的人群构成、生态系统的结构功能、技术水平和经济能力等因素，还努力使实现标准所需付出的代价及所能得到的效益之间达到协调和平衡。

2.工业企业设计卫生标准。我国现行的《工业企业设计卫生标准》（TJ 36—79）是1962年由国家计委和卫生部联合颁布实施，并于1979年修定。自颁布实施以来，它对工业性大气污染的防治起了很大作用。该标准规定了"居住区大气中有害物质最高容许浓度"（见表5-1），列出的有害物质达34种。最高容许浓度是指大气中对人体无直接或间接危害及不良影响，不会降低劳动能力，对人的主观感觉和情绪均不产生不良影响的污染物浓度。

居住区大气中有害物质的最高容许浓度　　　　　　表 5-1

| 编号 | 物 质 名 称 | 最高容许浓度 (mg/m³) | | 编号 | 物 质 名 称 | 最高容许浓度 (mg/m³) | |
|---|---|---|---|---|---|---|---|
| | | 一　次 | 日 平 均 | | | 一　次 | 日 平 均 |
| 1 | 一氧化碳 | 3.00 | 1.00 | 19 | 氟化物（换算成F） | 0.02 | 0.007 |
| 2 | 乙　醛 | 0.01 | | 20 | 氨 | 0.20 | |
| 3 | 二甲苯 | 0.30 | | 21 | 氧化氮（换算成NO₂） | 0.15 | |
| 4 | 二氧化硫 | 0.50 | 0.15 | 22 | 砷化物（换算成As） | | 0.003 |
| 5 | 二硫化碳 | 0.04 | | 23 | 敌百虫 | 0.10 | |
| 6 | 五氧化二磷 | 0.15 | 0.05 | 24 | 酚 | 0.02 | |
| 7 | 丙烯腈 | | 0.05 | 25 | 硫化氢 | 0.01 | |
| 8 | 丙烯醛 | 0.10 | | 26 | 硫　酸 | 0.30 | 0.10 |
| 9 | 丙　酮 | 0.80 | | 27 | 硝基苯 | 0.01 | |
| 10 | 甲基对硫磷（甲基E605） | 0.01 | | 28 | 铅及其无机化合物（换算成Pb） | | 0.0007 |
| 11 | 甲　醇 | 3.00 | 1.00 | 29 | 氯 | 0.10 | 0.03 |
| 12 | 甲　醛 | 0.05 | | 30 | 氯丁二烯 | 0.10 | |
| 13 | 汞 | | 0.0003 | 31 | 氯化氢 | 0.05 | 0.015 |
| 14 | 吡　啶 | 0.08 | | 32 | 铬（六价） | 0.0015 | |
| 15 | 苯 | 2.40 | 0.80 | 33 | 锰及其化合物（换算成MnO₂） | | 0.01 |
| 16 | 苯乙烯 | 0.01 | | 34 | 飘　尘 | 0.50 | 0.15 |
| 17 | 苯　胺 | 0.10 | 0.03 | | | | |
| 18 | 环氧氯丙烷 | 0.20 | | | | | |

注：1.一次最高容许浓度，指任何一次测定结果的最大容许值。
　　2.日平均最高容许浓度，指任何一日的平均浓度的最大容许值。
　　3.本表所列各项有害物质的检验方法，应按现行的《大气监测检验方法》执行。
　　4.灰尘自然沉降量，可在当地清洁区实测数值的基础上增加3～5t/km²/月。

**3.我国的《大气环境质量标准》**

鉴于我国大气污染主要是煤烟型污染，其次是工业生产和机动车辆所排出的污染物。在1982年颁布的《大气环境质量标准》（GB3095—82）中，首先纳入的是在我国量大面广、环境影响较普遍的六种大气广域污染物（见表5-2）。对具有局部地区特征的污染，如包头地区很严重的氟化物污染，则由当地环境保护部门规定"地区性标准"加以控制。

《大气环境质量标准》是按照分级分区的原则制定的，计分为三级标准，按三级管理。对不同地区、不同村镇或同一村镇的不同功能区可执行不同的等级标准。

一级标准指为保护自然生态和人体健康，在长期接触下，不发生任何危害性影响的空气质量要求。

二级标准指为保护人体和城市、乡村的动植物，在长期和短期接触情况下，不发生伤害的空气质量要求。

三级标准指为保护人体不发生急、慢性中毒和城市、乡村一般动、植物（敏感者除外）正常生长的空气质量要求。

| 污染物名称 | 浓 度 限 值 (mg/m³) | | | |
|---|---|---|---|---|
| | 取 值 时 间 | 一 级 标 准 | 二 级 标 准 | 三 级 标 准 |
| 总悬浮微粒 | 日 平 均 | 0.15 | 0.30 | 0.50 |
| | 任 何 一 次 | 0.30 | 1.00 | 1.50 |
| 飘　　尘 | 日 平 均 | 0.05 | 0.15 | 0.25 |
| | 任 何 一 次 | 0.15 | 0.50 | 0.70 |
| 二氧化硫 | 年 日 平 均 | 0.02 | 0.06 | 0.10 |
| | 日 平 均 | 0.05 | 0.15 | 0.25 |
| | 任 何 一 次 | 0.15 | 0.50 | 0.70 |
| 氮氧化物 | 日 平 均 | 0.05 | 0.10 | 0.15 |
| | 任 何 一 次 | 0.10 | 0.15 | 0.30 |
| 一氧化碳 | 日 平 均 | 4.00 | 4.00 | 6.00 |
| | 任 何 一 次 | 10.00 | 10.00 | 20.00 |
| 光化学氧化剂($O_3$) | 1h 平 均 | 0.12 | 0.16 | 0.20 |

注：1.任何一日的平均浓度不许超过的限值。
　　2.任何一次采样测定不许超过的限值。
　　3.任何一年的日平均浓度均值不许超过的限值。

　　大气环境质量管理中区域分类的具体原则是以功能为主，并按照地区和气象条件，根据大气扩散的规律，计算污染物的落地浓度曲线，规定区域执行标准的等级。

　　一类区为国家规定的自然保护区、风景游览区、名胜古迹和疗养地等，应执行一级标准。

　　二类区城市规划中确定的居住区、商业交通居住混合区、文化区、名胜古迹和广大农村等，执行二级标准。

　　三类区为大气污染程度比较严重的城镇和工业区以及城市交通枢纽、干线等，执行三级标准。

　　**（二）大气污染物排放标准**

　　大气污染物排放标准是根据大气环境质量标准对污染物排放浓度或总量作出的规定或限制，目的是保证污染物排放后，经大气稀释和扩散，它们在大气中的浓度不超过规定的大气环境质量标准。所以必须预先确定大气环境质量标准，然后再制定污染物的排放标准。排放标准要能很好地体现技术先进性和经济合理性的统一，同时也要考虑环境特征，如环境容量、区域的性质及功能、污染源的构成、分布和密度等。

　　我国1973年颁布的《工业"三废"排放试行标准》（GBJ 4—73）第十条暂订了13类有害物质的排放标准（见表5-3）。这些标准以卫生标准为依据，应用污染物在大气中的扩散规律和计算模式，推算出不同烟囱高度下的允许排放量或排放浓度的标准。这些标准为工程设计提供了参考依据，对保护大气环境起了一定的作用。

　　**二、主要大气污染物的治理技术**

　　村镇企业生产中往往排放许多工业废气，其中主要污染物有各种粉尘、硫氧化物、氮

| 序 号 | 有害物质名称 | 排放有害物企业[①] | 排 放 标 准 | | |
|---|---|---|---|---|---|
| | | | 排气筒高度 (m) | 排 放 量 (kg/h) | 排放浓度 (mg/m³) |
| 1 | 二氧化硫 | 电　站 | 30<br>45<br>60<br>80<br>100<br>120<br>150 | 82<br>170<br>310<br>650<br>1200<br>1700<br>2400 | |
| | | 冶　金 | 30<br>45<br>60<br>80<br>100<br>120 | 52<br>91<br>140<br>230<br>450<br>670 | |
| | | 化　工 | 30<br>45<br>60<br>80<br>100 | 34<br>66<br>110<br>190<br>280 | |
| 2 | 二硫化碳 | 轻　工 | 20<br>40<br>60<br>80<br>100<br>120 | 5.1<br>15<br>30<br>51<br>76<br>110 | |
| 3 | 硫 化 氢 | 化工、轻工 | 20<br>40<br>60<br>80<br>100<br>120 | 1.3<br>3.8<br>7.6<br>13<br>19<br>27 | |
| 4 | 氟化物(换算成F) | 化　工 | 30<br>50 | 1.8<br>4.1 | |
| | | 冶　金 | 120 | 24 | |
| 5 | 氮氧化物(换算成NO₂) | 化　工 | 20<br>40<br>60<br>80<br>100 | 12<br>37<br>86<br>160<br>230 | |
| 6 | 氯 | 化工、冶金 | 20<br>30<br>50 | 2.8<br>5.1<br>12 | |
| | | 冶　金 | 80<br>100 | 27<br>41 | |
| 7 | 氯 化 氢 | 化工、冶金 | 20<br>30<br>50 | 1.4<br>2.5<br>5.9 | |
| | | 冶　金 | 80<br>100 | 14<br>20 | |
| 8 | 一氧化碳 | 化工、冶金 | 30<br>60<br>100 | 160<br>620<br>1700 | |

| 序号 | 有害物质名称 | 排放有害物企业① | 排放标准 | | |
|---|---|---|---|---|---|
| | | | 排气筒高度<br>(m) | 排放量<br>(kg/h) | 排放浓度<br>(mg/m³) |
| 9 | 硫酸(雾) | 化 工 | 30～45<br>60～80 | | 260<br>600 |
| 10 | 铅 | 冶 金 | 100<br>120 | | 34<br>47 |
| 11 | 汞 | 轻 工 | 20<br>30 | | 0.01<br>0.02 |
| 12 | 铍化物(换算成Be) | | 45～80 | | 0.015 |
| 13 | 烟尘及生产性粉尘 | 电站(煤粉) | 30<br>45<br>60<br>80<br>100<br>120<br>150 | 82<br>170<br>310<br>650<br>1200<br>1700<br>2400 | |
| | | 工业及采暖锅炉 | | | 200 |
| | | 炼钢电炉 | | | 200 |
| | | 炼钢转炉<br>(<12t)<br>(>12t) | | | 200<br>150 |
| | | 水 泥 | | | 150 |
| | | 生产性粉尘<br>(第一类)<br>(第二类) | | | 100<br>150 |

注：1.表中未列入的企业，其有害物质排放量可参照本表类似企业。

氧化物、含氟、含氯等气体、硫酸、硝酸、磷酸等酸雾以及一些金属蒸汽。这里介绍几种大气污染物的治理技术。

**（一）烟尘的防治技术**

消除烟尘不仅可以使大气免受污染，而且还能回收飞散的产品（如有色金属、黑色金属、水泥等）和粉尘（粉尘可作建筑材料和肥料综合利用）。除尘的方法很多，一般应根据烟囱中排出的粉尘性质（颗粒大小，密度和烟气中的活动情况）和除尘要求，选择除尘效果好、经济、实用、可行的除尘装置。表5-4是各种除尘器性能比较。

**（二）二氧化硫的防治技术**

从工厂排出的烟气中去除二氧化硫的技术简称"排烟脱硫"技术，一般分为干法和湿法两大类。

1.湿法。利用液态物质把烟气中的二氧化硫和三氧化硫转化为液体或固体化合物，达到脱硫的目的。主要有石灰乳法、氨法、碱法等。

（1）石灰乳法。是以5～10％石灰石粉末或消石灰乳浊液为吸附剂，直接喷入烟气中吸收二氧化硫，而生成亚硫酸钙。亚硫酸钙经氧化生成石膏。

（2）碱吸收法。主要用碳酸钠、氢氧化钠、碳硫氢铵作吸附剂，吸收烟气中的二氧

| 类 型 | 集尘范围（粒径） | 除尘效率（%） | 基 本 原 理 | 优 点 | 缺 点 |
|---|---|---|---|---|---|
| 机械除尘器<br>沉降室<br>百叶式<br>旋风式 | 50～100μm<br>50～100μm<br>5μm以上<br>5μm以下 | 40～60<br>50～70<br>50～80<br>10～40 | 利用机械力（重力、离心力）将尘粒从气流中分离出来，加以收集 | 价廉，结构简单，操作维修简便，不需运转费，可处理高温气体，占地少 | 不能处理飘尘，除尘效率低，不适用于有水或粘着性气体 |
| 湿式洗涤器<br>填料塔<br>文丘里式 | 5μm以上<br>1μm以上<br>1μm以下 | 90<br>80～90<br>99 | 用水洗涤含尘气体，利用液滴或液膜捕集尘粒 | 除尘效率较高，占地少，设备费用较便宜，不受气体温、湿度影响 | 压力损耗大，需大量洗涤水，有污水处理问题，含尘浓度高时易堵塞 |
| 电收尘器 | 与粒径几乎无关，最小可达0.05μm | 80～99.9 | 让含尘气体通过高压静电场，尘粒荷电后被阴极吸附收集 | 除尘效率最高，耐高温，气流阻力小，效率不受含尘浓度和烟气流量影响 | 设备费用高，占地大，粉尘的电学性质对工作有影响 |
| 袋式滤尘器 | 与粒径几乎无关，最小可达0.1μm | 90～99 | 使用棉布、毛织物、合成纤维、玻璃纤维做成袋子，过滤含尘气体 | 除尘效率高，操作简便，适于含尘浓度低的气体 | 占地多，维修费、设备费高，不耐高温、高湿气流，一般不用于烟气除尘 |

化硫，并经反应生成硫的化合物，达到脱硫的目的。

（3）氨吸收法。氨水吸收二氧化硫可生成亚硫酸铵，进而吸收二氧化硫生成亚硫酸氢铵。一般吸收率可达93～97％。

（4）造纸碱性黑液吸收法。利用造纸碱性黑液处理烟气中的粉尘和二氧化硫。如珠江造纸厂用本厂造纸黑液处理锅炉烟尘，除尘和脱硫效率均达到90％以上，使烟气浓度达到排放标准；黑液的pH值也由13降到6.5～9，色度降低了30％。

（5）铬酸废水吸收法。上海同济大学在上海电镀厂试验成功了用铬酸废水净化锅炉烟气中的二氧化硫的方法。该法采用气液逆流接触方式，净化后的烟气中二氧化硫浓度可明显降低，废水中的六价铬离子也降至0.5mg/L。

2.干法。采用固体物质作二氧化硫的吸附剂或催化剂，进行烟气脱硫，主要有吸附法和化学吸收法等。

（1）吸附法。一般用活性炭作吸附剂。利用活性炭的活性和较大的比表面积，使烟气中的二氧化硫在活性炭的表面和氧气及水蒸气反应生成硫酸。此法脱硫效率达90％。还可利用天然沸石作二氧化硫的吸附剂。

（2）化学吸收法。利用金属氧化物对二氧化硫的吸收脱硫。如用氧化锰作吸收剂，称为氧化锰吸收法；用氧化锌作吸收剂，则称为氧化锌吸收法。

**（三）氮氧化物的治理技术**

从烟气中去除氮氧化物的技术叫做"排烟脱氮"（或称"排烟脱硝"）技术。烟气中的氮氧化物主要以一氧化氮的形式存在。一氧化氮在高温下能很快地氧化为二氧化氮。所以，"排烟脱氮"主要是脱掉一氧化氮和二氧化氮。去除氮氧化物的方法有干法和湿法两大类。

1．湿法。分碱性溶液吸收、酸性溶液吸收和熔融盐法等。

（1）碱性溶液吸收法。通常用氢氧化钠、碳酸钠、氢氧化镁、氢氧化钙、氢氧化铵作吸收剂。

（2）酸性溶液吸收法。主要使用的吸收剂为硝酸，也可使用硫酸。

（3）熔融盐法。以熔融状态的碱金属或碱土金属的盐类为吸收剂，吸收烟气中的氮氧化物，生成硝酸盐或亚硝酸盐。

2．干法。主要包括活性炭吸附、选择性催化还原法、非选择性催化还原法等。

（1）活性炭吸附。当废气中二氧化氮浓度高于0.1%，一氧化氮浓度高于1~1.5%时，采用硅胶或活性炭吸附，效果较好。

（2）选择性催化还原法。以铂等金属的氧化物为催化剂，以氨、硫化氢、一氧化碳为还原剂，选择最适宜的脱氮反应温度（一般为250~450℃），把氮氧化物中的氮脱掉。

（3）非选择性催化还原法。用铂作为催化剂，以氢和甲烷等还原性气体为还原剂，将烟气中的氮氧化物还原为氮。

### 三、防止大气污染的规划措施

现阶段防止大气污染的措施很多，归纳起来，主要有三方面：（1）加强综合利用，采用新的生产工艺，在生产过程中消除或减少污染源的排放量；（2）全面规划，合理布局，加强管理，严格执行环境保护法规；（3）合理利用能源，在村镇中改革燃料结构。

**（一）村镇要合理布局**

乡镇企业是造成大气污染的主要污染源，因此合理地组织和布置乡镇企业是防止大气污染的重要措施。布置乡镇企业除遵循功能分区的一般原则外，特别是要注意不可把某些导致产生二次污染的企业布置在一起，如炼油厂排放的碳氢化合物和氮肥厂排放的氮氧化合物混合，在逆温、静风、日照充分的条件下，易产生光化学烟雾污染。在具体安排有污染的生产用地及生活用地时，应考虑盛行风向、风向旋转、最小风频等气象因素的影响，一般将生产用地布置在盛行风向的下风侧。

**（二）考虑地形、地物的影响**

在地貌类型复杂的地区，由于地形引起的局地环流以及阻隔作用，对工厂废气的扩散具有重要影响。山区及沿海地区村镇布局及厂址选择要充分利用有利的地貌条件，尽量避开易产生大气污染的地形部位。

1．山区及山前平原地带易产生山谷风，白天风向由平原吹向山区，晚上相反，因此可把山风与谷风视为当地两个盛行风向。散发大量有害气体的工厂应尽量布置在开阔、通风良好的山坡上。如果有污染的企业摆在平地，住宅上山，且住宅相对高度与工厂排气高度相当，在谷风的吹拂下，位于坡地的居住区极易遭受污染。

2．山间盆地地形较封闭，全年静风频率高，而且易产生逆温，不利有害气体扩散。这类村镇不宜把生产用地与居住区布置在一起，需要发展有污染的工业时，应将其布置在远离村镇的独立地段。

3．在山谷盆地建厂时，为了防止逆温产生的污染，可适当增加烟囱高度，以利扩散。烟囱高度可通过计算或风洞实验确定。

4．沿海地区的工业布局要考虑海陆风的影响。我国沿海地区，白天风向由海洋吹向大陆，称为海风；晚上风向相反，由陆地吹向海洋，称为陆风。所以，沿海地区的村镇生产用地与居住区的布局，最好是垂直于海陆风方向采取长轴串联的方式。

5.工厂烟囱的布置要考虑周围地形地物的影响。一般情况下，应保证在烟囱高度20倍的范围内，烟囱高度必须超过最高建筑物的2.5倍，才能对烟气扩散稀释有利。丘陵地区，烟囱的高度也应超过周围地面高度，否则易产生烟气倒灌现象。

### （三）设立卫生防护带

根据烟尘扩散规律，在其它条件不变时，有害物质浓度与距离成反比。设置工业卫生防护地带，种置宽度不等的林带，通过树木的吸附和过滤作用，可有效降低烟尘及有害气体浓度。为节约用地，还可利用部分村镇道路，一些不怕污染的建筑物、构筑物或其它自然地形——河流、湖泊、山丘等使生产用地和居住区隔开。我国现行的《工业企业卫生防护距离标准》（GB 11654～11666—89）是按工业性质和规模，当地地形条件及近5a的平均风速制定和执行的。

### （四）改革燃料结构，开展集中供热

1.采用对大气污染较轻的燃料能源，例如，沼气、水力发电、地热、天然气、太阳能等代替易产生大气污染的燃料能源，首先是在条件具备的村镇，用沼气、天然气取代煤炭作为居民燃料，可减轻大气污染。

2.在寒冷地区采用集中供暖，用高效的热电站或供热锅炉代替一家一户的取暖炉灶，可取消大量分布在居住区中的污染源，不仅可减轻大气污染，还便于采用先进技术除尘、脱硫、合理使用燃料，提高热效率，节约能源。

### （五）采用先进工艺，综合利用，除害兴利

对于排烟装置，采用各种除尘设备，可减少40～99％的烟尘排放量；通过工艺改革，可以回收有害气体中的硫、磷、氯等物质，化害为利。

### （六）加强村镇绿化，净化空气

绿色植物对有害气体及烟尘具有阻滞、吸附和净化作用。这些作用主要表现在：利用绿色植物可调节大气中的二氧化碳和氧气的平衡。因为绿色植物要吸收二氧化碳转化为其生长所需养料，而同时放出氧气补充大气中的氧的含量，使大气中的氧和碳保持平衡；绿色植物可吸收有害气体。在绿色植物尚未受到有害气体明显的伤害时，许多植物对不同有害气体具有一定的吸收、阻滞和同化作用。据此，可在大气污染源附近有目的、有针对性地选种一些抗性强的树种绿化，可起到净化大气的作用。各种树种对二氧化硫等几种有害气体的抗性，见表2-8；绿色植物能吸滞大气中的尘埃。特别是高大浓阴的树林，其叶面

**各种树叶单位面积上的滞尘量**　　　　　　　　　　　　表 5-5

| 树　种 | 滞尘量（g/m²） | 树　种 | 滞尘量（g/m²） | 树　种 | 滞尘量（g/m²） | 树　种 | 滞尘量（g/m²） |
|---|---|---|---|---|---|---|---|
| 刺　楸 | 14.53 | 大叶黄杨 | 6.63 | 夹竹桃 | 5.28 | 樱　花 | 2.75 |
| 榆　树 | 12.27 | 刺　槐 | 6.37 | 丝棉木 | 4.77 | 腊　梅 | 2.42 |
| 朴　树 | 9.37 | 栋　树 | 5.89 | 紫　薇 | 4.42 | 加拿大白杨 | 2.06 |
| 木　槿 | 8.13 | 臭　椿 | 5.88 | 悬铃木 | 3.73 | 黄金树 | 2.05 |
| 广玉兰 | 7.10 | 构　树 | 5.87 | 泡　桐 | 3.53 | 桂　花 | 2.02 |
| 重阳木 | 6.81 | 三角枫 | 5.52 | 五角枫 | 3.45 | 栀　子 | 1.47 |
| 女　贞 | 6.63 | 桑　树 | 5.39 | 乌　桕 | 3.39 | 绣　球 | 0.63 |

面积可达种植面积的数十倍，能吸滞大气中的尘埃和沉降的气胶凝体。各种树叶单位面积上的滞尘量见表5-5；绿色植物还具有杀灭细菌的作用。许多绿色植物 能分泌 出一种挥发性的有机化合物——"灭菌素"，它不但能消灭细菌，还能对人和动物机体的生理过程产生良好的作用。

总之，在村镇建设中应充分利用土地资源优势，大力开展植树造林，并根据不同地区的特点，科学地选配树种，则能经济有效地提高其对大气的净化作用。

## 第二节　土壤污染的防治

根据我国以预防为主的环境保护方针，为防止土壤污染，首先要控制和消除土壤污染源。同时，土壤具有较强的净化能力，在防治土壤污染中要充分认识和利用这一特点。对已经污染的土壤，要采取一切有效措施，清除土壤中的污染物，或控制土壤中污染物的迁移转化，使其不能进入食物链。

### 一、控制和消除土壤污染源

控制和消除土壤污染源，是防止污染的根本措施。土壤对污染物的物理机械吸收、物理化学吸附和生物降解相当于一级、二级和三级净化处理能力。控制土壤污染源，即控制进入土壤中的污染物的数量和速度，使其在土体中缓慢地自然降解，而不致迅速而大量地进入土壤，引起土壤污染。

#### （一）控制和消除工业"三废"的排放

大力推广闭路循环、无毒工艺和消烟除尘以减少或消除污染物质。对工业"三废"进行回收处理，可化害为利。对必须排放的"三废"，要进行净化处理，控制污染物排放的数量和浓度，使之符合排放标准。

利用污水灌溉和施用污泥，要经常了解污水污泥中污染物质的成分、含量及其动态。控制污水灌溉数量和污泥施用量，避免盲目滥用污水灌溉，引起土壤污染。

采用污水灌溉时必须注意以下几个方面：

1.水质。污水必须经处理达到农田灌溉标准。生活污水和 易分解 的有 机 废水适于污灌，在这一方面已有较多经验；但对于含重金属、难分解化合物的工业废水用于污灌必须慎重地从严控制。

2.污灌区的选择。不宜实行污灌的地区有表土层很薄及易引起渗 漏 污 染 地下水的地区。如洪积、冲积扇中上部，岩溶发育区；地下水位很浅和以浅层地下水为主要水源的地区；经常容易受淹和污水很容易进入河流的河滩地、涝洼地；集中式给水水源的卫生防护带及其上游，备用水源地及其上游；过于靠近村镇，会危及村镇环境卫生的地区。

3.灌溉方式。最好备有清水水源，实行清污混灌或清污间灌。采用沟灌、畦灌、不宜漫灌、喷灌。

4.灌溉作物。优先用于经济作物和工业谷物，尽量避免蔬菜类作物。

#### （二）控制化学农药的使用

对残留量高、毒性大的农药，应控制使用范围、使用量和使用次数。大力试制和发展高效、低毒、低残留的农药新品种，探索和推广生物防治作物病虫害的途径，尽可能减少有毒农药的使用。

农药污染的防治具体措施是：

1.要合理、安全地选用农药品种。1982年，我国颁布了《农药安全使用规定》。依照规定，将我国常用农药分为高毒、中毒和低毒三类（见表5-6）。

我国农药毒性分类　　　　　　　　　　　　　　表 5-6

| 类　　别 | | 农　　药　　品　　种 |
|---|---|---|
| 第一类 | 高毒农药 | 3911、苏化203、1605、1059、杀螟威、久效磷、磷胺、甲胺磷、异丙磷、三硫磷、氧化乐果、磷化锌、磷化铝、氰化物、呋喃丹、氟乙酰胺、吡霜、杀虫脒、西力生、赛力散、溃疡净、五氯酚、二溴氯丙烷、401、氯化苦等 |
| 第二类 | 中等毒农药 | 杀螟松、乐果、稻丰散、乙硫磷、亚胺硫磷、皮绳磷、六六六、高丙体六六六、毒杀芬、氯丹、滴滴涕、西维因、害扑威、叶蝉散、速灭威、混灭威、抗蚜威、倍硫磷、敌敌畏、拟除虫菊脂类、克瘟散、稻瘟净、敌克松、402、福美砷、稻脚青、退菌特、代森铵、代森环、2，4一滴、燕麦敌、毒草胺等 |
| 第三类 | 低毒农药 | 敌百虫、马拉松、乙酰甲胺磷、辛硫磷、三氯杀螨醇、多菌灵、托布津、克菌丹、代森锌、福美双、萎锈灵、异稻瘟净、乙磷铝、百菌清、除草醚、敌稗、阿特拉津、去草胺、拉索、杀草丹、二甲四氯、绿麦隆、敌草隆、氟乐灵、苯达松、茅草枯、草甘膦等 |

高毒农药只要接触极少量就会引起中毒或死亡。中、低毒农药虽比高毒农药的毒性低，但接触多了，抢救不及时也会造成死亡。因此，使用农药必须注意经济和安全。

2.要合理施用。即选择适宜的施用浓度、施用量、施用次数、施用间隔时间、施药时辰以及施药方式。

3.提倡农业防治措施。如选用抗病品种、强植物检疫、采取耕翻、轮作、增施有机农肥等农业技术措施。

4.改革农药剂型和喷施技术。如防震移粉剂（DL粉剂）、胶悬剂、颗粒剂、微囊剂等缓释剂，推广低容量、泡沫喷雾等新的施药方法。

5.实行综合防治措施。比如，停产并逐步停用高残毒的有机氯农药和有机汞、有机砷农药，推广高效、低毒、低残留的拟除虫菊脂类的"一高二低"新农药，采用放射不育技术等物理防治措施，推行寄生蜂、苏云金杆菌等生物农药，发展激素等杀虫农药。

（三）合理施用化学肥料

对本身含有有毒物质的化肥品种，施用范围和数量要严加控制。对硝酸盐和磷酸盐肥料，要合理施肥、经济用肥、避免施用过多，造成土壤污染。

对化肥污染的防治具体措施是：

1.提高氮肥、磷肥的利用率。提倡对铵态氮肥和尿素要深施覆土；或采用沟施、穴施、集中施肥覆土；推广氮肥增效剂（硝化抑制剂），与氮肥混合施用，可减少氮肥脱氮而造成的污染；改变现有的粉状面肥为粒肥（球肥），即将氮肥与农家肥、其它化肥和泥土混合制成粒状或块状的"球肥"，很适于追肥使用；研制长效肥料和包膜肥料，使一次施肥后肥效可维持数月至1a，以减少肥料损失，这可使氮素的利用率从35～40%提高到75%。磷肥利用率低的主要原因是因它易被土壤"固定"，采用粒状肥料、球肥、有机和无机混合肥料、集中施肥法等，能减少对土壤的固定作用，提高磷肥的利用率。

2.增用有机肥。农家肥就地取材，种类多，来源广。如粪尿肥、堆沤肥、土杂肥、饼肥等。由于农家肥含有较多的有机质，能改良土壤，培肥地力，又能防止土壤污染，降低某些重金属的有效性。

3.广种绿肥。凡以植物的绿色青体耕翻入土作为肥料的统称绿肥。绿肥不仅产草量高，肥效好，还能增加土壤有机质，改善土性、保持水土，可以"种地养地"，不断提高土壤肥力。各地可因地制宜采用不同的间、套作或平作方式（如水面种等），逐步扩大绿肥种植面积、增加产草量，提高绿色植物覆盖面积，有效地利用光能，改善生态环境。"以磷换氮"是一个好方法，即给绿肥施少量磷肥，能大大提高产草量（绿肥以含氮为主）。这样可避免化肥的直接污染，还能收到施肥增产的效果。

## 二、增加土壤容纳量和提高土壤净化能力

增加土壤有机质含量、砂掺粘和改良砂性土壤，可以增加或改善土壤胶体的种类和数量，增加土壤对有害物质的吸附能力和吸附量，从而增加土壤容纳量，提高土壤的净化能力。

发现、分离和培育新的微生物品种，以增强生物降解作用，也是提高土壤净化能力的极为重要的一环。如美国分离出能降解三氯丙酸或三氯丁酸的小球状反硝化菌种。意大利从土壤中分离出某些菌种，可抽出酶复合体，能降解2.4—D除草剂。日本发现土壤中红酵母和蛇皮藓菌能降解剧毒性聚氯联苯达40％和30％。此外，某些鼠类和蚯蚓对一些农药有降解作用。应用微生物和其它土壤生物降解各种污染物的大规模处理技术，尚有待探索。

## 三、其它防治土壤污染的措施

### （一）利用植物吸收去除重金属

如黄颔蛇草对重金属的吸收量，可以高达水稻的10倍。又如羊齿类铁角蕨属的一种植物，有较强的吸收土壤重金属的能力，对土壤中镉的吸收率可达10％。连种数年，可降低土壤含镉量。

### （二）施加抑制剂

对重金属轻度污染的土壤，施加某些抑制剂，可改变重金属污染物质在土壤中的迁移转化方向，促进某些有毒物质的移动、淋洗或转化为难溶物质，以减少作物吸收。一般施用的抑制剂有石灰、碱性磷酸盐和硅酸钙等。

如施用石灰，可提高土壤pH值，而使镉、铜、锌、汞等形成氢氧化物沉淀。汞在施用石灰后pH值大于6.5时，就能形成氢氧化物和碳酸盐沉淀；铜在土壤pH值为5～7时，溶解度最小；沉淀氢氧化镉要求较高的pH值（10以上）。钙离子能阻止汞离子争夺植物根表面的交换位置，所以施用石灰可以减少作物对这些重金属的吸收。据试验，施用石灰后，可使稻米含镉量降低30％。此外，施用石灰还可以使作物降低对放射性物质的吸收达70～80％。

碱性磷酸盐可与土壤中的镉作用生成磷酸镉沉淀，特别在不能引起硫化镉沉淀的还原条件下，磷酸镉的形成对消除镉污染具有重要意义。

### （三）控制氧化还原条件

控制氧化还原条件，也是减轻重金属污染危害的重要措施。据研究，淹水可明显地抑

制水稻对镉的吸收，落干则促进镉的吸收。特别在水稻抽穗到成熟期，无机成分大量向穗部转移，落干更将显著提高稻粒中镉的浓度。这主要是由于土壤氧化还原条件的变化引起镉的形态转化所致。

除镉外，铜、铅、锌等元素均能与土壤中的硫化氢反应，产生硫化物沉淀。因此，加强水浆管理，控制氧化还原条件，可有效地减少重金属的危害。但砷则与其它重金属相反，随着Eh的降低，可溶性和毒性增加。因此，在砷和其它重金属混合污染的地区，改良措施可能发生矛盾。

### （四）改变耕作制

改变耕作制，改变土壤环境条件，可消除某些污染物的毒害。据我国苏北棉田旱改水试验，DDT和六六六在棉田中的降解速度很缓慢，积累明显，残留量大。而棉田改水田后，DDT的降解加快，仅1a左右，土壤中残留的DDT已基本上消失。所以实行稻棉水旱轮作，是减轻或消除农药污染的有效措施。

### （五）换土、深翻、刮土

被重金属或难分解的化学农药严重污染和被放射性污染的土壤，在面积不大的情况下，可以采用换土法去除污染物。这是彻底消除土壤污染的最有效的手段。但是对换出的污染土壤必须妥善处理，防止二次污染的发生。此外，也可将被污染的土壤深翻到下层，埋藏深度应根据不同作物的根系发育情况而定。被放射物质污染的土壤，应迅速刮除受污染的极表层，这样可除去存在于表土中95％的放射性散落物。

## 四、村镇固体废物的利用和处理

村镇固体废物是造成土壤污染的主要原因之一，其中又以工业废渣的危害性最大。固体废物是某一生产过程的废物，往往又是另一过程的原料。实践证明，固体废物处置的最好办法是综合利用，变废为宝；而消极的填埋和焚烧都可能造成二次污染。

### （一）固体废物的综合利用

1. 利用固体废物制作建筑材料。利用煤矸石制作砖和水泥，利用粉煤灰和煤渣制作蒸养砖和烧结砖、生产陶粒硅酸盐砌块、作混凝土和水泥沙浆的掺合料，以及筑路和工程回填等，利用高炉渣制作水泥和湿碾矿渣混凝土，利用钢渣制作砖和水泥、作公路和铁路路基等，都可以达到综合利用、化害为利、保护环境的目的。

2. 从固体废物中回收能源。农业固体废物（秸秆、人畜粪便）通过厌氧微生物的生物化学反应，可以生成可燃气体甲烷，即沼气。沼气是有机物在隔绝空气和保持一定的水分、温度、pH值等条件下，经微生物的分解作用而产生的。发展沼气是解决我国农村固体废物污染和提供能源的有效途径之一。煤矸石是一种低热值燃料，通常其发热量在$3.35 \times 10^6 \sim 6.28 \times 10^6 J/kg$之间，采取适当的技术措施（如沸腾炉），它可作为燃料用于发电，是从固体废物中回收能源的一个重要方面。

3. 从固体废物中回收有用物质。在金属冶炼中，通常只提取某种金属，而其伴生、共生的金属则随渣排出，对此可同时或进一步回收。如在重金属冶炼中，可提取回收金、银、锑、铊、钯、铂、钛等。某些化工废渣和煤矸石中，也可回收多种金属。我国废旧物资回收部门，从1956～1986年在城市中共收购废钢铁、废有色金属、废纸、废塑料、废化纤、碎玻璃、杂骨等各种废物1.86亿t，总价值约373亿元，既减少了城市的垃圾量，又充分利用了资源。

4.利用固体废物改良土壤和制作肥料粉煤灰内含有植物所需要的养分，而且具有分散性，对改良土壤结构、提高土壤的透水性、透气性和导热性十分有利。生化处理污水后的污泥，也含有植物生长所需养分，所以不含毒物的污泥可做为农田肥料。村镇垃圾进行分类收集或混合垃圾进行分选，可堆肥物也是一种重要的有机农肥。

**（二）村镇固体废物的处理**

1.工业废渣的处理方法。对于某些暂时无法通过工艺改革消除，又无法循环利用和回收资源的较难处置的有害工业废渣，必须进行处理。目前普遍采用的方法有填埋、焚烧、化学和固化等方法。

（1）填埋法。将有害废渣进行陆地填埋，既简单又经济，只是要注意在填埋场的底部，应有天然或人工的不透水层，还要设置排水、排气设施；废渣外表要有防止有害物质转入大气的防护层。

（2）焚烧法。利用热分解法处理有机性的废渣，可以减少废渣的体积，消灭细菌和病毒。

（3）化学法。利用废渣的化学性质，将有害物质转化为无害物质，如酸碱中和、氧化还原等，都属于化学法。

（4）固化法。通过化学或物理的方法，用固化剂束缚废物，使废渣封固；或用物理方法把废物封存于包裹剂中，制成有高应变能力的固体物，甚至使有害的物质变为无危害的物质或可利用的物质。

2.村镇垃圾粪便的处理方法。村镇垃圾可以用卫生填埋法处理。垃圾中可堆肥物，可以通过高温堆肥法制作肥料。可燃物可以焚烧处理。粪便可经高温厌氧发酵制作粪肥。

（1）卫生填埋法。垃圾卫生填埋是将垃圾填埋在适当的填埋场场地上，压实盖土，使其发生物理、化学和生物变化，分解有机物，达到无害化的处理目的。该法投资少，处理费用低，且是一种最终处理方法。此法关键是场地的选择，要考虑土壤、地下水保护和经济合理两个主要因素。

（2）堆肥法。它是利用微生物对垃圾中的有机物进行腐化分解作用，使其产生的热量杀灭垃圾中的病菌和寄生虫卵等病原体，达到垃圾无害化、腐熟化而成为有机肥料。

（3）焚化法。村镇垃圾中的可燃成分可以通过焚烧，减少体积，再作卫生填埋处理。焚化法又分露天焚化和焚化炉燃烧两种方式。焚烧后的剩余物仅是原垃圾体积的2～3%左右。焚化法若无废气净化设施会造成大气污染。

（4）粪便无害化处理。新鲜的粪便直接施于土壤是危险的，会传播各种肠道传染病。一般采用粪、尿混合贮存一个月左右，基本上可以达到无害化卫生要求。若采用厌氧发酵制取沼气，既能提供能源，又能获得高效的有机肥料。

## 第三节　水体污染的防治

对于水体污染的防治，根本措施是加强对水资源的规划管理，保护水源不受污染和开展对废水的处理及综合利用，以减少废水的排放量。

## 一、有关水质标准的规定

为了保护水体不受污染，一方面需要规定污染源的废水排放量和排放浓度，另一方面对水体的水质，大体上按三种标准进行管理：第一种，供人饮用的水源和风景游览区，必须保证水质清洁，严禁污染；第二种，农业灌溉，养殖鱼类和其它水生生物的水源，必须保证植物生存的基本条件，并使有害物质在动植物体内的积累，不超过食用标准；第三种，工业用水的水源，必须保证水质符合工业生产的要求。为此目的，我国有关部门已经制订出有关水质标准。

### （一）工业"废水"排放标准

污染物排放标准，是为了实现水环境质量目标，结合技术经济条件和环境特点，对排入环境的污染物或有毒有害因素所做的控制规定。

国家环境保护局于1988年4月5日批准并发布了GB 8987—88《污水综合排放标准》。自该标准实施之日起，1973年发布的GB J4—73《工业"三废"排放试行标准》（"废水"部分）停止执行，原来制定和发布的国家行业水污染物排放标准也要按《污水综合排放标准》的要求进行修订。

1973年发布的《工业"三废"排放试行标准》是我国第一个排放标准，十几年来这一标准在环境管理、污染源控制、实施"三同时"制度和排污收费制度等方面起到了重要作用。但是随着环境保护工作的深入发展，该标准已不适应我国当前环境管理和执法的要求。为了提高水环境标准的系统性和整体性，理顺各类标准间的关系以及与排污收费之间的关系，主管部门在总结多年工作实践的基础上，重新制定和发布了《污水综合排放标准》。这一标准对全国水环境管理和污染源控制具有十分重要的意义。

工业废水的排放必须符合《污水综合排放标准》中有关各类污染物最高允许排放浓度的规定。该标准将排放的污染物按其性质分为二类。

第一类污染物，指能在环境或动植物体内蓄积，对人体健康产生长远不良影响的，含有此类有害污染物质的污水，不分行业和污水排放方式，也不分受纳水体的功能类别，一律在车间或车间处理设施排出口取样，其最高允许排放浓度必须符合表5-7的规定。

第一类污染物最高允许排放浓度　　　　　　　　表 5-7

| 污 染 物 | 最高允许排放浓度(mg/L) | 污 染 物 | 最高允许排放浓度(mg/L) |
|---|---|---|---|
| 1.总　　汞 | 0.05[①] | 6.总　　砷 | 0.5 |
| 2.烷 基 汞 | 不得检出 | 7.总　　铅 | 1.0 |
| 3.总　　镉 | 0.1 | 8.总　　镍 | 1.0 |
| 4.总　　铬 | 1.5 | 9.苯并(a)芘[②] | 0.00003 |
| 5.六 价 铬 | 0.5 | | |

①烧碱行业（新建、扩建、改建企业）采用0.005mg/L。
②为试行标准，二级、三级标准区暂不考核。

第二类污染物，指其长远影响小于第一类的污染物质，在排污单位排出口取样，其最高允许排放浓度必须符合表5-8的规定。

### （二）生活饮用水水质标准

它是根据人们长期积累的经验，综合地考虑水质与健康、饮水习惯、自然环境状况等

| 污　染　物 | 标　准　分　级 | | | | |
|---|---|---|---|---|---|
| | 一级标准 | | 二级标准 | | 三级标准 |
| | 新扩改 | 现有 | 新扩改 | 现有 | |
| | 标 | | 准 | | 值 |
| 1.pH值 | 6～9 | 6～9 | 6～9 | 6～9① | 6～9 |
| 2.色度(稀释倍数) | 50 | 80 | 80 | 100 | — |
| 3.悬浮物 | 70 | 100 | 200 | 250② | 400 |
| 4.生化需氧量(BOD₅) | 30 | 60 | 60 | 80 | 300③ |
| 5.化学需氧量(COD_cr) | 100 | 150 | 150 | 200 | 500③ |
| 6.石油类 | 10 | 15 | 10 | 20 | 30 |
| 7.动植物油 | 20 | 30 | 20 | 40 | 100 |
| 8.挥发酚 | 0.5 | 1.0 | 0.5 | 1.0 | 2.0 |
| 9.氰化物 | 0.5 | 0.5 | 0.5 | 0.5 | 1.0 |
| 10.硫化物 | 1.0 | 1.0 | 1.0 | 2.0 | 2.0 |
| 11.氨　氮 | 15 | 25 | 25 | 40 | |
| 12.氟化物 | 10 | 15 | 10 | 15 | 20 |
| | — | — | 20④ | 30④ | |
| 13.磷酸盐(以P计)⑤ | 0.5 | 1.0 | 1.0 | 2.0 | — |
| 14.甲　醛 | 1.0 | 2.0 | 2.0 | 3.0 | |
| 15.苯胺类 | 1.0 | 2.0 | 2.0 | 3.0 | 5.0 |
| 16.硝基苯类 | 2.0 | 3.0 | 3.0 | 5.0 | 5.0 |
| 17.阴离子合成洗涤剂(LAS) | 5.0 | 10 | 10 | 15 | 20 |
| 18.铜 | 0.5 | 0.5 | 1.0 | 1.0 | 2.0 |
| 19.锌 | 2.0 | 2.0 | 4.0 | 5.0 | 5.0 |
| 20.锰 | 2.0 | 5.0 | 2.0⑥ | 5.0⑥ | 5.0 |

①现有火电厂和粘胶纤维工业，二级标准pH值放宽到9.5。
②磷肥工业悬浮物放宽至300mg/L。
③对排入带有二级污水处理厂的城镇下水道的造纸、皮革、食品、洗毛、酿造、发酵、生物制药、肉类加工、纤维板等工业废水，BOD₅可放宽至600mg/L，COD_cr可放宽至1000mg/L。具体限度还可以与市政部门协商。
④为低氟地区（系指水体含氟量<0.5mg/L）允许排放浓度。
⑤为排入蓄水性河流和封闭性水域的控制指标。
⑥合成脂肪酸工业新扩改为5mg/L，现有企业为7.5mg/L。

各种因素后制定的。1985年我国颁布的《生活饮用水卫生标准》（GB　5749—85）见表 5-9。该标准还对生活饮用水水源的水质和水源卫生防护提出了要求，对水质检验作了规定。

### （三）地面水环境质量标准

为了保障人体健康，维护生态平衡，保护水资源，控制水污染，改善地面水环境质量和促进国民经济和社会发展，1988年我国颁发的《地面水环境质量标准》（GB　3838—88）（见表5-10）适用于全国江、河、湖泊、水库等具有使用功能的地面水域。同时1983年发布的GB　3838—83《地面水环境质量标准》停止执行。地面水环境质量标准分为五类。

第Ⅰ类：主要适用于源头水、国家自然保护区。

| 项　　　目 | | 标　　　准 | |
|---|---|---|---|
| 感官性状和一般化学指标 | 色 | 色度不超过15度，并不得呈现其他异色 | |
| | 浑 浊 度 | 不超过3度，特殊情况不超过5度 | |
| | 臭 和 味 | 不得有异臭、异味 | |
| | 肉眼可见物 | 不得含有 | |
| | pH | 6.5～8.5 | |
| | 总硬度(以碳酸钙计) | 450 | mg/L |
| | 铁 | 0.3 | mg/L |
| | 锰 | 0.1 | mg/L |
| | 铜 | 1.0 | mg/L |
| | 锌 | 1.0 | mg/L |
| | 挥发酚类(以苯酚计) | 0.002 | mg/L |
| 感官性状和一般化学指标 | 阴离子合成洗涤剂 | 0.3 | mg/L |
| | 硫 酸 盐 | 250 | mg/L |
| | 氯 化 物 | 250 | mg/L |
| | 溶解性总固体 | 1000 | mg/L |
| 毒理学指标 | 氟 化 物 | 1.0 | mg/L |
| | 氰 化 物 | 0.05 | mg/L |
| | 砷 | 0.05 | mg/L |
| | 硒 | 0.01 | mg/L |
| | 汞 | 0.001 | mg/L |
| | 镉 | 0.01 | mg/L |
| | 铬(六价) | 0.05 | mg/L |
| | 铅 | 0.05 | mg/L |
| | 银 | 0.05 | mg/L |
| | 硝酸盐(以氮计) | 20 | mg/L |
| | 氯仿[1] | 60 | μg/L |
| | 四氯化碳[1] | 3 | μg/L |
| | 苯并(a)芘[1] | 0.01 | μg/L |
| | 滴滴涕[1] | 1 | μg/L |
| | 六六六[1] | 5 | μg/L |
| 细菌学指标 | 细菌总数 | 100 | 个/mL |
| | 总大肠菌群 | 3 | 个/L |
| | 游离余氯 | 在与水接触30min后应不低于0.3mg/L。集中式给水除出厂水应符合上述要求外，管网末梢水不应低于0.05mg/L | |
| 放射性指标 | 总$\alpha$放射性 | 0.1 | Bq/L |
| | 总$\beta$放射性 | 1 | Bq/L |

①试行标准。

　　第Ⅱ类：主要适用于集中式生活饮用水水源地一级保护区、珍贵鱼类保护区、鱼虾产卵场等。

　　第Ⅲ类：主要适用于集中式生活饮用水水源地二级保护区、一般鱼类保护区及游泳区。

表 5-10

## 地面水环境质量标准（单位：mg/L）

| 序号 | 参 数 | | I 类 | II 类 | III 类 | IV 类 | V 类 |
|---|---|---|---|---|---|---|---|
| | | | 分 类（标 准 值） | | | | |
| | 基 本 要 求 | | 所有水体不应有非自然原因所导致的下述物质：<br>a.凡能沉淀而形成令人厌恶的沉积物；<br>b.漂浮物，诸如碎片、浮渣、油类或其他的一些引起感官不快的物质；<br>c.产生令人厌恶的色、臭、味或浑浊度的；<br>d.对人类、动物或植物有损害、毒性或不良生理反应的；<br>e.易滋生令人厌恶的水生生物的 | | | | |
| 1 | 水 温（℃） | | 人为造成的环境水温变化应限制在：<br>夏季周平均最大温升≤1<br>冬季周平均最大温降≤2 | | | | |
| 2 | pH | | 6.5～8.5 | | | | 6～9 |
| 3 | 硫酸盐①(以$SO_4^{2-}$计) | ≤ | 250以下 | 250 | 250 | 250 | 250 |
| 4 | 氯化物①(以$Cl^-$计) | ≤ | 250以下 | 250 | 250 | 250 | 250 |
| 5 | 溶解性铁① | ≤ | 0.3以下 | 0.3 | 0.5 | 0.5 | 1.0 |
| 6 | 总 锰① | ≤ | 0.1以下 | 0.1 | 0.1 | 0.5 | 1.0 |
| 7 | 总 铜① | ≤ | 0.01以下 | 1.0(渔0.01) | 1.0(渔0.01) | 1.0 | 1.0 |
| 8 | 总 锌① | ≤ | 0.05 | 1.0(渔0.1) | 1.0(渔0.1) | 2.0 | 2.0 |
| 9 | 硝酸盐(以N计) | ≤ | 10以下 | 10 | 20 | 20 | 25 |
| 10 | 亚硝酸盐(以N计) | ≤ | 0.06 | 0.1 | 0.15 | 1.0 | 1.0 |
| 11 | 非离子氨 | ≤ | 0.02 | 0.02 | 0.02 | 0.2 | 0.2 |
| 12 | 凯氏氮 | ≤ | 0.5 | 0.5 | 1 | 2 | 2 |
| 13 | 总磷(以P计) | | 0.02 | 0.1(湖、库0.025) | 0.1(湖、库0.05) | 0.2 | 0.2 |
| 14 | 高锰酸盐指数 | ≤ | 2 | 4 | 6 | 8 | 10 |
| 15 | 溶 解 氧 | ≥ | 饱和率90% | 6 | 5 | 3 | 2 |
| 16 | 化学需氧量($COD_{Cr}$) | ≤ | 15以下 | 15以下 | 15 | 20 | 25 |
| 17 | 生化需氧量($BOD_5$) | ≤ | 3以下 | 3 | 4 | 6 | 10 |
| 18 | 氟化物(以$F^-$计) | ≤ | 1.0以下 | 1.0 | 1.0 | 1.5 | 1.5 |
| 19 | 硒(四价) | ≤ | 0.01以下 | 0.01 | 0.01 | 0.02 | 0.02 |
| 20 | 总 砷 | ≤ | 0.05 | 0.05 | 0.05 | 0.1 | 0.1 |
| 21 | 总 汞② | ≤ | 0.00005 | 0.00005 | 0.0001 | 0.001 | 0.001 |
| 22 | 总 镉③ | ≤ | 0.001 | 0.005 | 0.005 | 0.005 | 0.01 |
| 23 | 铬(六价) | ≤ | 0.01 | 0.05 | 0.05 | 0.05 | 0.1 |

| 序号 | 参　数 | | 分　类 | | | | |
|---|---|---|---|---|---|---|---|
| | | | Ⅰ 类 | Ⅱ 类 | Ⅲ 类 | Ⅳ 类 | Ⅴ 类 |
| | | | 标　准　值 | | | | |
| 24 | 总　铅② | ≤ | 0.01 | 0.05 | 0.05 | 0.05 | 0.1 |
| 25 | 总氰化物 | ≤ | 0.005 | 0.05 (渔0.005) | 0.2 (渔0.005) | 0.2 | 0.2 |
| 26 | 挥发酚② | ≤ | 0.002 | 0.002 | 0.005 | 0.01 | 0.1 |
| 27 | 石油类②(石油醚萃取) | ≤ | 0.05 | 0.05 | 0.05 | 0.5 | 1.0 |
| 28 | 阴离子表面活性剂 | ≤ | 0.2以下 | 0.2 | 0.2 | 0.3 | 0.3 |
| 29 | 总大肠菌群③(个/L) | ≤ | | | 10000 | | |
| 30 | 苯并(a)芘③(μg/L) | ≤ | 0.0025 | 0.0025 | 0.0025 | | |

①允许根据地方水域背景值特征做适当调整的项目。
②规定分析检测方法的最低检出限，达不到基准要求。
③试行标准。

第Ⅳ类：主要适用于一般工业用水区及人体非直接接触的娱乐用水区。

第Ⅴ类：主要适用于农业用水区及一般景观要求水域。

### （四）农田灌溉水质标准

利用污水灌溉农田，其取水水质要符合国家环境保护局1985年发布的《农田灌溉水质标准》（GB 5084—85）（见表5-11）的规定。否则就会损毁庄稼，或使污水中有害物质通过食物链毒害人类和牲畜。

按照灌溉水的用途，农业灌溉水水质分为二类：

第一类是指工业废水或城市污水作为农业用水的主要水源，并长期利用的灌区。灌溉量：水田800m³/亩·a，旱田300m³/亩·a。

第二类是指工业废水或城市污水作为农业用水的补充水源，而实行清污混灌轮灌的灌区。其用量不超过一类的一半。

### （五）渔业水域水质标准

为使渔业水域水质符合鱼虾贝藻类正常生长和繁殖的要求，保证水产品的质量，保障人体健康，促进渔业持续、稳定、健康的发展，国家环境保护局于1989年发布了《渔业水质标准》（GB 11607—89）（见表5-12）。渔业水质标准除毒物指标外，对于鱼类的生存来说，溶解氧指标是十分重要的指标。

## 二、村镇污水的处理技术

村镇污水的处理，实质上就是采用各种手段和技术，将污水中的污染物质分离出来，或将其转化为无害的物质，从而得到净化。生活污水和乡镇企业生产废水中的污染物质是多种多样的，不能预期只用一种方法就能够把所有的污染物质去除殆尽，一种污水往往需要通过几种方法组成的处理系统，才能达到要求的处理程度。

表 5-11

## 农 田 灌 溉 水 质 标 准

| 项 目 | | 分 类 | |
|---|---|---|---|
| | | 一 类 | 二 类 |
| | | 标　准　值 | |
| 水 温 | ≤ | 35℃ | 35℃ |
| pH 值 | | 5.5～8.5 | 5.5～8.5 |
| 全 盐 量①(mg/L) | ≤ | 1000(非盐碱土地区) 2000(盐碱土地区)有条件的地区可以适当放宽 | 1500(非盐碱土地区) 2000(盐碱土地区)有条件的地区可以适当放宽 |
| 氯 化 物(mg/L) | ≤ | 200 | 200～300 |
| 硫 化 物(mg/L) | ≤ | 1 | 1 |
| 汞及其化合物(mg/L) | ≤ | 0.001 | 0.001 0.005(绿化地) |
| 镉及其化合物(mg/L) | ≤ | 0.002(轻度污染灌区) 0.05 | 0.008(轻度污染灌区)② 0.01 0.05(绿化地) |
| 砷及其化合物(mg/L) | ≤ | 0.05(水田) 0.1(旱田) | 0.1(水田) 0.5(旱田) |
| 六价铬化合物(mg/L) | ≤ | 0.1 | 0.5 |
| 铅及其化合物(mg/L) | ≤ | 0.5 | 1.0 |
| 铜及其化合物(mg/L) | ≤ | 1.0 | 1.0(土壤pH<6.5) 3.0(土壤pH<6.5) |
| 锌及其化合物(mg/L) | ≤ | 2.0 | 3.0(土壤pH>6.5) 5.0(土壤pH>6.5) |
| 硒及其化合物(mg/L) | ≤ | 0.02 | 0.02 |
| 氟 化 物(mg/L) | ≤ | 2.0(高氟区) 3.0(一般地区) | 3.0(高氟区) 4.0(一般地区) |
| 石 油 类(mg/L) | ≤ | 5.0(轻度污染灌区) 10.0 | 10.0 |
| 挥发性酚(mg/L) | ≤ | 1.0(土层<1m地区) 3.0 | 1.0(土层<1m地区) 5.0 |
| 苯(mg/L) | ≤ | 2.5(土层<1m地区)m 5.0 | 2.5(土层<1m地区) 5.0 |
| 三氯乙醛(mg/L) | ≤ | 0.5(小麦) 1.0(水稻、玉米、大豆) | 0.5(小麦) 1.0(水稻、玉米、大豆) |
| 丙 烯 醛(mg/L) | ≤ | 0.5 | 0.5 |
| 硼(mg/L) | ≤ | 1.0(西红柿、马铃薯、笋瓜、韭菜、洋葱、黄瓜、梅豆、柑桔) 2.0(小麦、玉米、茄子、青椒、小白菜、葱) 4.0(水稻、萝卜、油菜、甘蓝) | 1.0(西红柿、马铃薯、笋瓜、韭菜、洋葱、黄瓜、梅豆、柑桔) 2.0(小麦、玉米、茄子、青椒、小白菜、葱) 4.0(水稻、萝卜、油菜、甘蓝) |
| 大肠杆菌(mg/L) | ≤ | 10000(生吃瓜果收获前一星期) | 10000(生吃瓜果收获前一星期) |

①在以下具体条件的地区，全盐量水质标准可略放宽：
　(1)在水资源缺少的干旱和半干旱地区。
　(2)具有一定的水利灌排工程设施，能保证一定的排水和地下径流条件的地区。
　(3)有一定的淡水资源能满足冲洗土地中盐分的地区。
　(4)土壤渗透性较好，土地较平整，并能掌握耐盐作物类型和生育阶段的地区。
②轻度污染灌区指污染物含量超过土壤本底上限，而农作物残留不超过农作物本底上限。
注：放射性物质按国家放射防护规定的有关标准执行。

现代的废水处理技术，按作用原理，可分为物理处理法、化学处理法和生物处理法三大类。

### （一）物理处理法

对于汇集起来的村镇污水，至少应做简单的一般处理，即采用物理方法对污水中的悬

| 项目序号 | 项　　目 | 标　准　值　（mg/L） |
|---|---|---|
| 1 | 色、臭、味 | 不得使鱼、虾、贝、藻类带有异色、异臭、异味 |
| 2 | 漂浮物质 | 水面不得出现明显油膜或浮沫 |
| 3 | 悬浮物质 | 人为增加的量不得超过10，而且悬浮物质沉积于底部后，不得对鱼、虾、贝类产生有害的影响 |
| 4 | pH 值 | 淡水6.5～8.5，海水7.0～8.5 |
| 5 | 溶 解 氧 | 连续24h中，16h以上必须大于5，其余任何时候不得低于3，对于鲑科鱼类栖息水域冰封期其余任何时候不得低于4 |
| 6 | 生化需氧量（5d，20℃） | 不超过5，冰封期不超过3 |
| 7 | 总大肠菌群 | 不超过5000个/L（贝类养殖水质不超过500个/L） |
| 8 | 汞 | ≤0.0005 |
| 9 | 镉 | ≤0.005 |
| 10 | 铅 | ≤0.05 |
| 11 | 铬 | ≤0.1 |
| 12 | 铜 | ≤0.01 |
| 13 | 锌 | ≤0.1 |
| 14 | 镍 | ≤0.05 |
| 15 | 砷 | ≤0.05 |
| 16 | 氰化物 | ≤0.005 |
| 17 | 硫 化 物 | ≤0.2 |
| 18 | 氟化物（以F$^-$计） | ≤1 |
| 19 | 非离子氨 | ≤0.02 |
| 20 | 凯氏氮 | ≤0.05 |
| 21 | 挥发性酚 | ≤0.005 |
| 22 | 黄 磷 | ≤0.001 |
| 23 | 石 油 类 | ≤0.05 |
| 24 | 丙 烯 腈 | ≤0.5 |
| 25 | 丙 烯 醛 | ≤0.02 |
| 26 | 六六六（丙体） | ≤0.002 |
| 27 | 滴 滴 涕 | ≤0.001 |
| 28 | 马拉硫磷 | ≤0.005 |
| 29 | 五氯酚钠 | ≤0.01 |
| 30 | 乐 果 | ≤0.1 |
| 31 | 甲 胺 磷 | ≤1 |
| 32 | 甲基对硫磷 | ≤0.0005 |
| 33 | 呋 喃 丹 | ≤0.01 |

浮物、沉降物等杂质以及附着在其上的微生物、寄生虫卵等予以去除。其设施包括格栅、沉淀池、滤网、砂砾等。通过物理处理，一般可去除污水中40～65％的悬浮物及25～35％的BOD。如果没有进一步的处理设施，至少也要进行加药消毒，以减少污水的危害和对环境的污染。

**（二）化学处理法**

　　根据污水中所含主要污染物的化学性质，可加入适量的化学药剂产生化学反应，分离、去除污水中呈溶解、胶体状态的污染物或将其转化为无毒无害的物质。通常采用方法有：中和、混凝、氧化还原、吹脱、吸附、离子交换以及电渗透等方法。例如对酸性污水，可加入石灰乳进行中和，使之接近中性。对碱性污水可以利用酸性污水进行中和，也可用烟道废气处理。

### （三）生物处理法

通过微生物的代谢作用，使在污水中呈溶解、胶体以及微细悬浮状态的有机物、有毒物等污染物质，转化为稳定、无害的物质。生物处理法又分为需氧处理和厌氧处理两种方法。需氧处理法目前常用的有活性污泥法、生物膜法和稳定塘等。厌氧处理法主要用于处理高浓度有机废水和污泥，使用处理设备主要为消化池等。

稳定塘是构造简单、易于维护管理的一种污水自然生物处理构筑物，污水在塘内停留时间很长，有机污染物通过水中生长的微生物的代谢活动而被氧化分解，溶解氧则由塘内生长的藻类的光合作用和塘面的复氧作用来提供，稳定塘有以下几种类型：

1.好氧塘。其水浅，阳光能透入底部，主要由藻类供氧，由好氧微生物起污水净化作用。

2.兼性塘。其塘水较深，上部溶解氧比较充足，呈好氧状态；下部溶解氧不足，由兼性微生物起净化作用；沉淀污泥于塘底进行厌氧发酵。

3.厌氧塘。其塘深在 2 m 以上，BOD物质负荷很高，整个塘水都呈厌氧状态，净化速度很慢，污水停留时间长。这种塘一般都充作稳定塘的预处理塘。

4.曝气塘。其塘深在 2 m 以上，其特征是在塘水表面安装浮筒式曝气器，全部塘水都保持好氧状态，BOD负荷较高，停留时间较短。表5-13中分别列举了各类稳定塘的主要特征及工艺参数。

稳定塘类型与主要特征参数　　　　　　　　　　　　　表 5-13

| 指　　标 | 好　氧　塘 | 兼　性　塘 | 厌　氧　塘 | 曝　气　塘 |
|---|---|---|---|---|
| 水　　深(m) | 0.2～0.4 | 1～2.5 | 2.5～4.0 | 2～4.5 |
| 停留时间(d) | 2～6 | 7～30 | 30～50 | 2～10 |
| BOD负荷(g/m³·d) | 10～20 | 2～10 | 20～100 | |
| BOD去除率(%) | 80～95 | 35～75 | 50～70 | 55～80 |
| 藻类浓度(mg/L) | >100 | 10～50 | | |

稳定塘的处理效果随光照、温度、地区、季节等因素变化而不同。冬季或阴雨季节，因光照弱，气温低，光合作用差，处理效果也差。我国北方地区，冬季气温低，水面结冰，光合作用和水面充氧都受到阻碍，稳定塘很难运行。

### （四）两种污水处理工艺流程简介

1.医院病菌污水处理。随着农村经济和卫生事业的发展，村镇医疗卫生设施将日益完善。因此，医疗废水的污染问题已提到日程上来。这里把医疗卫生部门的医疗废水以及病人的生活污水和排泄物等，总称为医院病菌污水。其中含有较多的病原微生物和需氧有机物、放射性物质等。

处理流程见图5-1，是一种人工生物处理的生物滤池法，池中装置表面生长一层生物膜的多孔滤料，污水经过滤池时，由于生物膜上的好氧微生物作用，有机物被氧化分解，

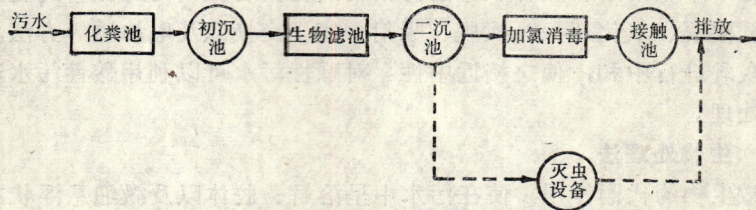

图 5-1 医院病菌污水处理工艺流程

可以去除固体颗粒和杀灭细菌。

2.炼油厂废水处理。炼油厂废水处理的工艺流程见图 5-2，从炼油厂装置中排出的含硫废水和含碱废水先经脱硫和中和处理，再与含油废水合并进入隔油池。在隔油池除去比重大于 1 的渣油及比重小于 1 的浮油。回收油品后的废水送入气浮池，进一步去除比重接近于 1 的乳化油。然后再进入完全混合式表面曝气池进行生物处理，去除酚等有机物的净化水可直接排放于水体或进行农田灌溉。经隔油池、气浮池处理的水有一部分经砂滤池进一步除油，可回用于循环水系统的补充水。隔油、浮选、曝气处理工艺常称为炼油废水处理的"老三套"。这说明该流程对炼油废水处理是行之有效的。

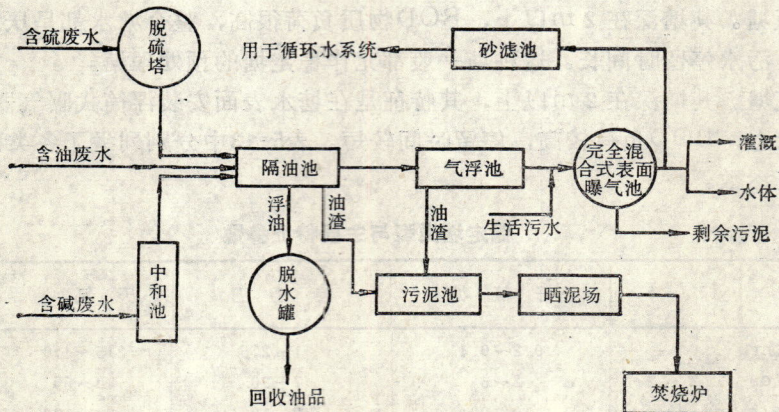

图 5-2 炼油厂废水处理的工艺流程

### 三、水污染的防治措施

**（一）全面规划、合理布局**

全面规划、合理布局是防止水污染的前提和基础。

1.以河流流域为单位，兼顾上下游，合理布局，统一管理。

（1）污染大的工厂应布置在流量大的河段，污染小的工厂应布置在流量小的河段。

（2）污染大的工厂应布置在下游；污染小的工厂应布置在上游。

（3）流域内相邻村镇的工业区之间应有足够的距离，保持河流良好的自净条件。

（4）建立流域性的废水排放标准和河流水质标准，加强流域统一的给排水规划管理。

（5）流域内工农业发展方向和规模应与环境对污染物的负荷能力相适应。

2.建立水源卫生防护地带，合理布置村镇生产用地和水源地，在水源地上游不建有污染的工业项目。水源卫生防护的范围应按《生活饮用水卫生标准》（GB 5749—85）的规定执行。

3.在规划村镇工业用地时，从防止或减轻水污染出发，考虑某些企业的协作关系，合理地进行组合。

（1）废水性质相似的工厂就近布置，便于归口集中处理。

（2）某些工厂的废水合流后可以降低毒性，减少危害，如造纸厂排出的碱性废水可中和硫酸厂排出的酸性废水。

（3）某些工厂排出的废液可供其它工厂使用。

**（二）改革工艺、综合利用**

改革工艺、节约用水、综合利用、减少排污，是防治污染的积极措施。

向环境排放污水是水污染的最主要原因，用水少，污染也少。如能大大减少乃至完全不向外排放污水，就能从根本上保护水资源、防止水污染。

在工业生产中节约用水、减少排污的潜力是很大的。主要用水工业部门的实际耗水量仅为用水量的0.5～10％，90％以上经使用后成为废水。其防治措施是：

1.变直流式用水为循环式用水、重复用水，实行一水多用。直流式用水是从水源取水后，在生产中用过一次即向外排放，浪费大，污染也大。实行一水多用，能提高水的利用率，压缩排污量。如工业冷却水稍加处理即可回用。村镇污水经一般处理可分别用于工业冷却水、冲洗水，补给地下水，灌溉等。

2.通过采用节水工艺和低毒无毒工艺等工艺改革的途径节约用水、减少排污。如印染工业采用无水印染代替水染。造纸工业采用干法造纸代替湿法等。

3.综合利用。废水中的污染物质从积极的角度上说，不外乎是生产过程中流失的原料、燃料、产品、中间产品和副产品。弃之为害，用之为宝。如我国白银有色金属公司选治厂对废水实行清污分流、闭路循环后，使外排水达到了国家排放标准，同时从循环废水中回收了大量金属。

**（三）加强废水处理和管理**

进行工业废水的处理和加强废水排放管理，这是防止水污染的直接条件。

对于经过回收利用后必须排放的工业废水和暂时还没有回收价值的废水，在向外环境排放前，应该先经无害化处理，使水质达到区域排放标准后，再向外环境排放。在污水处理时，必须以经济有效、简单易行，节约能源，防止二次污染为原则。

**（四）完善排水系统**

完善村镇排水系统，建立污水处理厂是解决水污染的重要措施。

目前，多数村镇没有排水设施，而是随意排放，这不仅污染了环境，还给蚊蝇孳生、病菌传播提供了条件。因此，当务之急是结合村镇建设，合理规划、合理设计、建设村镇污水排放和处理设施。从实用和发展观点看，村镇污水以分流制排放为好，无论是生活污水或生产废水等，均以暗沟或暗管排放方式为宜。但是不论何种排放方式，没有相应能力的污水处理厂，则防止水污染还是一句空话。

**（五）合理利用自然净化能力**

充分合理的利用自然净化能力，积极慎重发展污水灌溉，是防治水污染的有效措施。

一个水体所能承受的污染负荷如不大于它的自净能力，就不会引起污染。因此对自净规律的研究可以为制订废水排放标准、合理确定污水处理的程度和工业合理布局提供科学依据。

从保护水源的角度讲，村镇污水恰当的用于农田灌溉有很多优点。它提高了水资源的利用率，为污灌区农业提供了稳定的水源，提高了土地的肥力，减轻了对水体的污染。但发展污灌必须十分慎重，因灌溉不当会污染水体和土壤，最后通过食物链危害人体健康。因此，污灌必须注意其水质，污灌区的选择、污灌方式和污灌作物等问题。

### 第四节　噪声干扰的防护与控制

治理噪声的根本措施是减少或消弱噪声声源，将发声体改造成不发声的弱声体，用无声的或低噪声的设备和工艺代替高噪声的设备和工艺。例如用焊接代替铆接，用液压代替冲压，用斜齿轮代替直齿轮，采用低噪声的发动机，等等。但就目前技术水平看，很难使一切机器都变成低噪声的，因此，要采取各种技术手段和措施进行噪声防护和控制。

## 一、噪　声　控　制　技　术

通常使用的防护办法有吸声、隔声、消声、隔振、阻尼、耳塞、耳罩等。

**（一）吸声技术**

吸声是在声源的四壁利用吸声材料或吸声结构吸收声能，降低噪声。

吸声材料主要有吸声板、玻璃纤维、矿棉穿孔板、泡沫塑料板、开槽砌砖、吸声涂料、棉纺织品等。

吸声结构有天棚吸声结构、墙面吸声结构和吸声器等。

**（二）隔声技术**

这是用屏蔽物将声响挡住、隔离开来，减少噪声对人们的干扰。

隔声材料主要有金属贴面板、纤维板、玻璃板、石膏板、铅板、加重塑料板、加重泡沫塑料板、加重橡胶板、密封板。

隔声结构有隔声间、隔声罩、隔声门、隔声窗。隔声结构中要填加吸声材料，提高隔声效果。

**（三）消声技术**

利用消声器来降低空气噪声的传播。对风机噪声、通风管道噪声和排气噪声等，多采用消声措施。常用的消声器有扩散消声器、排气消声器、进气消声器、燃烧消声器，敷设吸声材料的管道、管道消声器、电动机消声器、脉冲噪声消声器等。

**（四）阻尼和隔振技术**

这是降低由机械振动引起的噪声的重要手段。"阻尼"防止噪声，是由于阻尼材料在受到外部振动时，内摩擦损耗较大，使一部分振动能量变为热能而消耗掉，从而使噪声减弱。常用的阻尼材料有粘性材料、橡胶、阻尼板、塑料板、半流体阻尼材料等。

隔振的目的是使设备的振动不向外传播。通常做法是防止机器与其它结构的刚性连接。通过隔振材料，降低振动的传递，从而减少噪声。隔振材料主要有橡胶垫、纤维板、弹簧等。

### （五）个人防护措施

当噪声特别强烈，采用上述措施后，噪声级仍不能降低到容许标准以下；或者在工作过程中，工作人员需要进入强噪声的环境时，可以采用个人防护措施。如防声棉、耳塞、耳罩、头盔等，这些个人防护工具主要起隔声作用，使强烈的噪声不致进入耳内而造成危害。为了隔声需要，这些工具要求密实，不透气；但是在特殊需要时，可使护耳器能透进一部分低频声，既取得防护效果，又不妨碍谈话。

## 二、环 境 噪 声 标 准

环境噪声标准制定的原则，应具有先进性、科学性和现实性。应以保护人的听力、睡眠休息、交谈思考为依据。根据不同的时间、不同的地点和人的行为状态制定相适应的标准。

### （一）国际标准

国际标准组织（简称ISO）规定的噪声标准。

1.听力保护标准。为了保护听力，规定每天工作8h，允许连续噪声的声级不得超过90dB（A）；若时间减半，允许噪声提高3dB(A)。如每天工作4h，允许93dB（A）；每天工作2h，允许96dB（A）；每天工作1h，允许99dB（A）。

2.环境噪声标准。国际标准组织于1961年提出了环境噪声标准，分别又在1964年和1971年作了修改。它提出的噪声标准基础是寝室30dB，生活室35dB。再根据噪声性质不同（有纯音或脉冲声的要减少5dB。只在工作时间才有噪声的可加5dB，断续噪声根据实有噪声的时间多少可加0～25dB），经济条件不同（有经济要求时可提高5dB，轻工业区加10dB，重工业区加15dB）等因素进行调整，其范围大致如表5-14所示。

环境噪声标准[单位：dB（A）]　　　　　　表 5-14

| 寝　　　室 | 生 活 室 | 办 公 室 | 工　　厂 |
|:---:|:---:|:---:|:---:|
| 20～50 | 30～60 | 25～60 | 70～75 |

### （二）我国标准

我国已开始进行各种噪声允许标准的研制工作，有关方面在大量调查和测试工作的基础上，提出了几项噪声允许标准的建议。

1.工业噪声标准。我国于1980年1月1日起，实行卫生部和国家劳动总局1979年8月31日批准颁发的《工业企业噪声卫生标准》（试行草案）。该标准规定，工业企业的生产车间和作业场所的工作地点的噪声卫生标准为85dB（A）；现有工业企业经过努力，暂时达不到标准时，可适当放宽，但不得超过90dB（A）。该标准还规定，在采取噪声控制措施后，仍未达到卫生标准的，必须发放个人防护用品，以保障工人健康。

2.居住区环境噪声标准。工厂附近住宅区环境噪声标准建议见表5-15。

3.一般噪声标准。我国声学专家马大猷教授提出的我国噪声标准的建议（见表5-16），是一个广义的环境噪声标准建议，下限为理想值，可作为最高标准，上限是绝对不可超过的值。

| 居住区环境噪声标准 | 表 5-15 |
|---|---|
| 时　　间 | A 声级（dB） |
| 白天晨7时至晚9时 | 46～50 |
| 夜晚晚9时至晨7时 | 41～45 |

| 一般噪声标准（dB） | 表 5-16 |
|---|---|
| 听力保护 | 75～90 |
| 工作、学习 | 55～70 |
| 休息、睡眠 | 35～50 |

4.各类机动车辆噪声标准。国家标准总局于1979年7月1日颁发了《机动车辆允许噪声标准》（GB 1495—79），该标准是机动车辆产品的噪声标准，也是对村镇中机动车辆检查的依据。该标准规定了各类机动车辆加速行驶时，车外最大允许噪声级，并规定其测量按国家标准总局颁布的《机动车辆噪声测量方法》（GB 1496—79）进行。《机动车辆允许噪声标准》从颁发之日开始实施。其中，1985年1月1日以前生产的机动车辆，应符合标准Ⅰ。而1985年1月1日以后生产的机动车辆应符合标准Ⅱ。各类机动车辆噪声标准见表5-17。

### 各类机动车辆噪声标准　　　　　表 5-17

| 车　　辆　　种　　类 | | 标　准　Ⅰ dB（A） | 标　准　Ⅱ dB（A） |
|---|---|---|---|
| 载重汽车 | 8t≤载重量＜15t | 92 | 89 |
| | 3.5t≤载重量＜8t | 90 | 86 |
| | 载重量＜3.5t | 89 | 84 |
| | 轻型越野车 | 89 | 84 |
| 公共汽车 | 4t＜总重量＜11t | 89 | 86 |
| | 总重量＜4t | 88 | 83 |
| 轿　车 | | 84 | 82 |
| 摩托车 | | 90 | 84 |
| 轮式拖拉机（功率60马力以下） | | 91 | 86 |

### 三、防治噪声污染的规划措施

#### （一）合理布置村镇噪声声源

合理进行村镇功能分区，妥善安排住宅用地、生产用地等相对位置，是防止村镇噪声的战略措施。噪声具有随距离增加而衰减的特性，在村镇规划中，应根据各种不同类型噪声源的噪声衰减计算方法，将其布置在适当的区域。在一般情况下，首先要把工业区、商业区和居住区分开，把要求安静的居住区和建筑物尽量远离声源，且位于噪声源的最小风频的下风侧。尽可能将噪声大的企业或车间集中布置，并采取一定的防护措施，以减少噪声扩散。对于那些已布置在住宅区内具有振动噪声的工业企业，且一时又无法采取

| 工厂与居民点距离的建议值　　表 5-18 | |
|---|---|
| 声源的噪声级　（dB） | 距　离　　（m） |
| 100～110 | 300～500 |
| 90～100 | 150～300 |
| 80～90 | 50～150 |
| 70～80 | 30～100 |
| 60～70 | 25～50 |

有效措施的，要限期搬迁。

工厂与居民点之间，按噪声级的大小不同，可参照工厂与居民点距离的建议值进行布置（表5-18）。

对于某些噪声级很低，对周围居民基本无害的小型生产企业，如精密仪表厂、食品厂、文教用品厂、手工艺制作等，可以集中布置在住宅区的街坊内，或分散布置在住宅区内，有的可沿街布置，有的可放在住宅的底层，起隔声建筑物的作用。

**（二）控制交通噪声对村镇环境的影响**

村镇道路系统状况对交通噪声影响很大，特别是地形比较复杂的村镇，根据交通噪声沿道路网分布的特点，村镇规划中只要在道路系统方面采取相应措施，并加强管理，就能收到控制交通噪声的良好效果。例如应尽量避免过境交通穿越村镇，特别是住宅区，在公路交通比较简单的村镇，将过境公路绕过住宅区，从村镇边缘通过，最好是离村镇远一些，以避免二次改线的浪费和对村镇的噪声干扰。加强交通管理，如机动车禁止随意鸣笛、限制某些车辆在村镇内通行，规定速度等。加之改善路面质量，对交通噪声的控制也能起到很大作用。

**（三）利用局部地形对噪声的隔离作用**

在村镇布局中充分利用局部地形对噪声的隔离作用，并尽量避免地形引起的噪声反射和扩散。

1.水面能对噪声起反射和增强作用，所以在小型河湖两岸，不宜分别布置住宅区和噪声大的工厂区。

2.充分利用地形，将噪声大的工厂布置在凹地，以降低噪声源的声压级，避免噪声大范围的扩散。

**（四）合理布置村镇绿地减低环境噪声**

村镇绿地有反射和吸收声能的作用，叶面积越大、树冠越密的树林其吸声性能愈好。据南京市测定结果表明，由两行松柏及一行雪松构成的18m宽林带，可降低噪声16dB；噪声通过36m宽的林带，可减低30dB；一般比同距离空地自然衰减量为10～15dB。一些国外资料也表明，绿化好的街道比没有绿化的街道可减低噪声8～10dB。

绿化林带减弱噪声的效果与林带的宽度、高度、位置、配置以及树木种类等有密切的关系。

1.林带宽度。在村镇中最好是6～15m；在边缘地带可以宽一些，最好是15～30m。多条窄林带的隔声效果比只有一条宽林带为好。

2.林带高度。林带中心的树行高度最好在10m以上。

3.林带长度。它应大致为声源至受声区距离的两倍；如林带与公路平行，其长度应与公路长度相等。

4.林带的位置。林带应尽量靠近声源而不靠近受声区，这样防噪声效果好。一般林带边缘至声源的距离应为6～15m。

5.林带的结构和配置。林带应以乔木、灌木和草地相结合，形成一个连续、密集的障碍带。树种选择一般认为：树冠矮的乔木比树冠高的乔木防噪声能力大，阔叶树的吸声效果比针叶树好，灌木丛的吸声作用则更显著。

## 练 习 题

1. 防止大气污染有哪些措施？简述烟尘、二氧化硫和氮氧化物的防治技术。
2. 简述土壤污染的防治措施。
3. 固体废物综合利用的途径有哪几个方面？村镇垃圾粪便的处理方法有哪几种？
4. 简述水体污染的防治措施。废水处理方法有哪几种？
5. 噪声防护技术有哪几种？防治噪声污染的措施有哪些？

# 第六章　村镇环境管理

我国环境管理的发展，大体上经历了三个历史阶段。第一阶段是，从中华人民共和国建立到1972年。这个阶段，我国虽未明确提出过环境管理的概念，也没有普遍设立环境管理机构，但在环境管理方面做了一些工作。如由卫生部门先后在部分地区对大气和水体污染所进行的检测和控制。1972年，在总结我国环境问题经验教训的基础上，制定了我国环境保护的"全面规划、合理布局、综合利用、化害为利、依靠群众、大家动手、保护环境、造福人民"32字方针，即使是现阶段，"32字"方针对我国环境管理仍然有着十分重要的指导作用。1972年，我国还派代表参加了在斯德哥尔摩召开的人类环境会议，已开始参与研究全球性的环境问题。

从1973年到1981年，这作为第二阶段。这个阶段，我国环境管理把组织环境污染治理作为工作的中心。

自从1973年召开第一次全国环境保护会议以来，我国的环境保护工作开始逐步走向正规，环境管理工作也开始得到了实施。当时的环境管理工作是在"32字"方针指导下逐步开展起来的。管理部门的任务是：统筹规划、全面安排、组织实施、检查督促。

但是在当时国外一些发达国家的环境污染已经基本得到控制，而我国的环境污染正在继续发展的情况下，我国的环境管理部门应该"管什么"以及"怎样管"？尽管当时提出了环境保护方针和环境管理的工作任务，但是在实际工作中，对环境管理部门统筹规划和督促检查的职能发挥的不够，而把主要精力放在"组织实施"上去了，认为环境管理部门最重要的任务就是要组织环境污染的治理工作。

在此期间，国家环保部门出面组织了官厅水库、白洋淀、蓟运河、渤黄海水质污染的治理以及沈阳、淄博等城市环境污染的治理。各省市也组织了以消烟除尘为主要内容的锅炉改造和工业污染的治理。环境管理部门通过组织污染治理，解决了一些群众反映强烈的环境污染问题。

在组织环境污染治理的过程中，各级环境管理部门开始逐步认识到转变职能和分清环境保护责任制的重要性。污染物是由工业企业事业单位以及各机关团体排放的，如果他们缺乏治理环境污染的积极性，把责任推给政府和社会，不仅治理环境污染的资金难以筹集，而且环境污染也将防不胜防，治不胜治。老的环境治理了，新的污染又出现了。正是基于这种认识，在1979年颁布的《中华人民共和国环境保护法（试行）》中明确规定了"谁污染谁治理"的政策，从而明确了环境保护的责任制，这是我国环境管理思想的重大转变。

1982年以来作为第三阶段，这是通过强化环境管理，促进环境污染治理和控制的发展阶段。

自从1982年国家建立城乡建设环境保护部以来，环境管理思想发生了深刻的变化，认识到在目前我国的经济条件下，依靠高投入和采取先进的科学技术来控制和解决环境污染问题是不现实的，而必须把工作重点转移到强化管理的轨道上来，通过有效的管理来促进环境污染的治理和控制。

1983年召开的第二次全国环境保护会议明确提出，环境保护是我国的一项基本国策，同时制定了"同步发展"的指导方针，并形成了以强化环境管理为主体的三大政策体系。这个政策体系的基本精神就是由单纯的环境污染治理转变到以防为主和防治结合。这标志着我国的环境管理思想开始逐步走向成熟。摸索到了适于我国国情的环境保护方针和政策。在上述方针和政策的指导下，随着环境管理思想、职能和工作重点的转变，我国工业企业的环境污染治理和城市环境污染的综合防治都取得了很大的进展。

环境管理思想的一大进步，还表现在环境管理的职能由注意微观管理向注意宏观管理的方向转变。各级环境管理部门结合生产布局、产业结构、产品结构和技术结构的调整，积极配合有关部门，从发展经济和保护环境的需要出发，对布局不合理、能源资源浪费大、环境污染严重的产业和产品实行了关、停、并、转、迁等措施，取得了比较明显的效果。

1989年5月召开的第三次全国环境保护会议，强化环境管理的基本思想又有了新的发展。会议为了进一步强化环境管理，将全力推行环境管理的五项新制度，即环境保护目标责任制、城市环境综合整治定量考核制、排放污染物许可证制度、污染限期治理和推进集中控制的制度。这些制度在环境管理的工作实践中被证明是行之有效的，是强化环境管理的有效措施。1989年12月26日由第七届全国人大常委会第十一次会议通过的《中华人民共和国环境保护法》（原试行法废止），为推行"环境管理的五项新制度"提供了法律基础。

迄今为止，我国已颁布了4项环境保护专门法律和其他法规。从中央到省、市、县四级政府都建立了环境管理机构，人数达到7万多人。全国环保系统还建立了2039个环境监测站，各大中型企业也都建立了内部的环境管理机构，人数达到20多万人，许多乡镇、村也设立了环境保护机构或乡镇环保员。

1992年6月3日至14日，中国派代表团参加了里约热内卢"联合国环境与发展大会"，并强调我国经济社会与环境保护协调发展的战略思想和政策是："预防为主、防治结合"，"谁污染谁治理"和"强化环境管理"，还进一步明确指出这个政策的核心是"强化管理"。

## 第一节　村镇环境管理的基本概念

村镇环境管理，就是要以环境科学的基本理论为基础，运用技术的、经济的、法律的、宣传教育的和行政的手段，对村镇人民的社会经济活动进行管理，协调经济社会发展与保护环境的关系，使人民群众具有一个良好的生活、劳动环境，使村镇经济得到长期稳定的增长。

### 一、村镇环境管理的特点

目前，村镇环境管理具有综合性、区域性、自然适应性、广泛性（群众性）及政策性等基本特点。

1.综合性。村镇环境管理是由若干自然、政治、社会和技术等因素错综复杂地交织在一起而形成发展的。这就决定了环境管理具有一定的综合性，其表现为必须采取立法、经济、教育、技术和行政的措施相结合的办法才能有效地解决环境问题。

2.区域性。村镇环境问题，由于自然背景、人们的活动方式及环境质量标准等方面存在着明显的差异性，因此就决定了环境管理的区域性。这就要求环境管理部门必须根据各地的不同特点，因地制宜地采取不同的管理措施。

3.自然适应性。在村镇环境保护中，充分利用自然环境适应外界变化的能力。如资源再生能力、环境自净能力和自然界生物防治作物病虫害的作用等，以达到保护和改善环境的目的。

4.广泛性。广泛性也称群众性。人们都生存在一定的环境空间，环境是人们生存的物质基础，而人们的各种活动又影响和干扰着环境。因此，应该提高全民环境意识，调动广大群众的积极性，使人民群众学会爱护环境，重视环境，把保护环境作为一项全民的事业。

5.政策性。村镇环境管理是一项政策性和技术性很强的工作。因此，在环境管理工作中应以环境法规为依据，依法治理环境，依法管理环境，才能做好村镇环境保护工作。

## 二、村镇环境管理的基本任务

环境管理的问题复杂，任务很重。尤其是村镇环境管理工作起步晚，基础差，而且近年来村镇建设速度加快，乡镇工业突飞猛进，问题就更加复杂。一般地说，目前村镇环境管理的基本任务包括如下几个方面：

1.合理开发利用资源，保持生态平衡，促进村镇经济长期稳定地向前发展。

2.努力建设一个清洁、优美、安静、生态健全发展的生存环境，保护村镇人民的身心健康。

3.村镇建设和环境保护部门必须在统一领导下分工协作，各行各业按照环境建设和环境管理的不同职能各行其责，做好本职工作。

4.建立起强有力的乡镇（厂、场）环境管理机构（或环保员），切实依照法规和政策进行监督管理，执法必严，违法必究，同时，做好服务和指导工作，正确处理经济发展与环境保护的关系。

5.开展环境科学研究，培养环境保护和管理人才。加强宣传教育，不断提高全民的环境意识，提高广大群众对环境保护的认识水平。

## 三、环境管理的手段和方法

进行村镇环境管理，除了建立机构、明确职责外，还必须要有强有力的管理手段和科学的方法。

通常使用的管理手段如行政、法律、经济、宣传教育、技术的手段等等。

1.行政手段。行政手段是各级行政机关依据行政法规所赋予的组织、指挥权力。通过制定适合本村镇环境问题的管理规章和办法，对环境问题施实监督协调，进行计划指导和必要的行政干预，对各项管理事项进行决策，以达到管理的目的。

2.法律手段。认真贯彻执行环境保护法，是管理村镇环境强有力的手段。环境法规同其他的法律一样，对所有单位和个人具有普遍的约束力。在环境保护中能否坚定不移地执行环境法规，使所有单位及个人知法守法，是环境管理的关键。

3.经济手段。经济手段也是对环境进行管理的最有效的方法之一。往往将其与行政的或法律等手段联合运用可收到良好的效果。最常用的有：按规定征收排污费；对造成环境污染的单位及个人实行经济处罚，对导致人身及财产受损的要赔偿污染损失；经济奖励和资源有偿开发利用。

4.宣传教育手段。广泛宣传环境法规、环境知识，教育广大群众知法守法、懂得村镇环境保护是一项战略性措施，也是加强环境管理的一项不可忽视的手段。

5.技术手段。这也是环境管理的重要手段之一。如进行环境监测；写环境质量报告；开展环境影响评价；总结交流经验和科学研究等。

以上五种手段，是单独运用一种，还是几种同时运用，要视具体情况而定。但有些手段相互间存在着较密切的内在联系。如依法征收排污费，自然资源有偿开发利用。它既是运用经济手段，同时也运用了法律手段。总之，在管理工作中，对各种方法要全面理解、综合运用，才能收到更佳的效果。

常用的管理方法主要有：一般方法、预测方法、决策方法、系统分析法。

1.一般方法。在解决各类环境问题的过程中，无论是依靠规划来防止环境问题的发生，还是出现了环境污染、破坏之后采取防治对策等等，都必须运用科学的方法，选择解决环境问题的最佳方案。村镇环境管理的一般方法步骤是：

（1）通过调查研究，明确本地区存在的环境问题。

（2）提出对环境问题可能采取的对策或方案，比较费用和效益，对可能采取的对策进行鉴别与分析。

（3）制定短期与长远的环境规划。

（4）执行环境规划，进行环境管理。

（5）调查环境影响，评价分析环境质量，在此基础上进一步调整环境规划。

2.预测方法。在村镇环境管理中，要经常进行污染物排放量增长预测、技术发展的环境影响预测、经济发展的环境影响预测，以及环境保护措施的环境效益与经济效益预测等。

3.决策方法。环境管理的基本职能首先是预测和决策。实践证明：没有正确的决策也就没有正确的环境政策和环境规划。目前环境问题在某些村镇之所以相当严重，环境管理决策失误造成经济社会发展与环境保护决策失调就是其中的主要原因之一。

4.系统分析方法。村镇环境问题是一项综合性强、影响因素多、涉及面广的问题。如果只是"头痛医头，脚痛医脚。"而不用系统分析的方法，去全面地、系统地分析和解决问题，村镇环境管理是收不到好的效果的。

## 四、环境保护的组织与职责

根据以上讨论的环境管理基本特点、任务和方法，可以得出这样的结论，必须有健全的组织机构，必须有明确的工作职责，才能做好环境管理的各项工作。

### （一）环境保护机构设置的基本概况

1.中央环境保护机构。一个是行政系统，它由国家环境保护局、国务院环境保护委员会、国务院各部委设置或共同组建的环境保护机构。另一个是军队系统，即军委所属部门及各军兵工企业设置的环境保护机构。而行政系统对村镇环境管理（对地方各级机构）起督促、指导作用，军队系统仅限于军队内部的环境管理，对村镇环境管理则不起督促、指导作用。但行政系统对军队系统有督促（指国家环保局）、协调（指地方与驻地方军队间）的作用。

2.地方各级环境保护机构。地方环境保护机构分为三级，即省（自治区、直辖市）环境保护机构；地、市（州、盟）环境保护机构；县（旗、市辖区、县级市）环境保护机构。再就是各企、事业单位内的、乡镇的环境保护机构或环保专职人员。

**（二）各级环境保护机构的职责**

1.贯彻并监督执行国家关于保护环境的方针、政策和法律、法令；

2.会同有关部门拟定环境保护的条例、规定、标准和经济技术政策；

3.会同有关部门制定环境保护的长远规划和年度计划，并监督检查其执行；

4.统一组织环境监测、调查和掌握全国环境状况和发展趋势，提出改善措施；

5.会同有关部门组织协调环境科学研究和环境教育事业，积极推广国内外保护环境的先进经验和技术；

6.指导国务院各部委，各省、市、自治区的环境保护工作；

7.组织和协调环境保护的国际合作和交流。

**（三）地方各级环境保护机构主要职责**

1.检查督促所辖地区的各部门、各单位执行国家环境保护的方针、政策和法律、法令；

2.拟定地方的环境保护标准和规范；

3.组织环境监测，掌握本地区环境状况和发展趋势；

4.会同有关部门制定本地区环境保护长远规划和年度计划，并督促实施；

5.会同有关部门组织本地区环境科学研究和环境教育；

6.积极推广国内外保护环境的先进经验和技术。

**（四）乡（镇）环保员职责**

1.认真贯彻执行环境保护法律、条例和规定；

2.积极宣传环境保护的方针、政策，普及环境保护知识；

3.拟定本乡（镇）的环境保护规划和工作计划，报乡（镇）政府批准后督促执行；

4.了解和掌握本乡（镇）范围内的污染现状及治理情况，建立污染源档案；

5.协助上级环保部门对本乡（镇）、村的新建、改建、扩建项目的环境影响报告表进行初审，项目建成后配合市、县（或区）环境保护部门进行验收；

6.督促本乡（镇）范围内的污染防治工作，对治理设施的运转管理进行监督、检查，对排污单位提出奖励或处罚意见；

7.协助农业部门推广综合防治，促进农业生态的良性循环；

8.根据市、县（或区）环境保护部门的要求，按规定做好乡（镇）排污费的收缴工作，监督乡镇企业污染治理资金的使用；

9.协助市、县（或区）环境保护部门及时处理好群众来信来访，做好污染纠纷的调解和污染事故的调查、分析、处理工作；

10.及时向上级环境保护部门如实反映情况，并完成上级机构交办的各项任务。

**（五）乡镇企业内部环境保护机构或专职环境保护人员的职责**

根据各地区和石油化工、煤炭、冶金等系统制定的环境保护工作条例，以及《关于环境保护工作的决定》、《关于乡镇、街道企业环境管理的规定》、《工业企业环境保护考核实施办法》等法规的规定，其主要承担的职责是：

1. 贯彻并监督本单位执行国家和地方的环境保护的方针、政策和法律、法令；

2. 拟定本企业的环境保护规章和措施；

3. 组织编制并监督执行本单位的环境保护规划和计划；

4. 组织并负责本企业的环境监测、质量评价和环境统计工作，掌握本单位污染源状况及发展趋势；

5. 组织环境保护技术攻关和交流，推广有利于污染防治的新工艺、新技术；

6. 组织制定环境保护设备运转和污染物排放等考核指标；

7. 会同本企业工会、宣传教育、科研等部门对职工进行环境保护技术培训工作和环境教育；

8. 检查污染事故，提出处理意见，并及时报告当地环境保护部门，纠正和制止污染与破坏环境的行为和作业；

9. 负责执行或督促执行环境保护部门、主管机关及人民法院等，对本单位违反环境保护法规、污染和破坏环境的行为而作出的已生效的行政处罚决定或司法判决或裁决等。

# 第二节 环 境 法 规

环境法规是调整因保护和改善生活环境和生态环境，防治污染和其他公害而产生的各种社会关系的法律规范的总称。由于自然是无意识的，不可能成为法律关系的主体。所以环境法规只有通过调整人与人之间的社会关系，才能最终达到协调人与环境的关系的目的。

环境法是人类社会发展到一定历史阶段的必然产物。我国环境立法具有悠久的历史。1975年12月在湖北省云梦县城关出土的第11号古墓中，发现了距今2000多年前秦朝制订的《田律》。该《田律》在禁令中不但规定要保护森林植被，保护鸟兽鱼鳖，而且还要保护水道不得堵塞。近年来，由于党和政府对环境保护工作的高度重视，我国环境立法工作已取得了长足的进展，一个以《中华人民共和国环境保护法》为基本法的环境法规体系正在逐步地形成。我国环境管理工作基本上纳入了法制管理的轨道。

## 一、环 境 法 规 体 系

环境法体系是指由一系列有关保护和改善环境的现行法律规范组成的有机联系的统一整体。根据目前国内外环境法规的情况和环境法的发展趋势来看。健全的环境法规体系主要由以下几个部分组成：

1. 国家宪法中有关环境保护的规定；

2. 综合性的环境保护法；

3. 按保护对象和防治对象制定的专门性环境保护法规；

4. 行政法、经济法、民法、刑法、劳动法及诉讼法等法规中有关环境保护的法律规范。

此外，关于环境事务的国际条约与国际协定、地方性环境法规和环境质量标准也具有相当强的法律地位，也可视为环境法体系中的一部分。

## 二、我国环境法体系的基本内容

### （一）根本大法

《中华人民共和国宪法》是国家的根本大法。宪法中有关环境保护的条款，是国家和社会进行一切环境保护活动的基础，也是制定其他环境保护法规的立法准则。宪法在总纲第九条和第二十六条分别明确规定："国家保障自然资源的合理利用，保护珍贵的动物和植物。禁止任何组织或者个人利用任何手段侵占或者破坏自然资源。""国家保护和改善生活环境和生态环境，防治污染和其它公害。"这已说明我国环境保护任务提到宪法规定的高度，为国家和社会的环境保护工作奠定了坚实的法律基础。

### （二）综合性的环境保护法

综合性环境保护法的立法基础是《宪法》，所以是宪法的一个子法。环境保护法是国家为了保护其管辖范围内的人类生存环境，而对有关重大问题加以全面、综合调整的立法文件，在环境保护方面起着基本法的作用。

第七届全国人民代表大会常委会第十一次会议于1989年12月26日通过的《中华人民共和国环境保护法》，就是我国的一部综合性的环境保护法。它对我国环境保护的方针、政策、基本原则、保护对象、范围和措施以及环境管理机构的职责、奖励和惩罚等都作了较具体的规定。环境保护法的主要任务就是，保护和改善生活环境和生态环境，防治污染和其他公害，保障人体健康，促进社会主义现代化建设的发展。

根据环境保护法的规定，在防治环境污染和其他公害过程中，必须坚持以下几项基本制度：

1.环境保护责任制度。该制度的主要内容是：凡是产生环境污染和其他公害的单位，都必须把环境保护工作纳入本单位的工作计划，订出环境保护的目标，建立健全各种形式的环境保护责任制度，将环境保护工作规定到岗，落实到人，并同单位及个人的经济利益挂钩。把环境保护的考核指标纳入单位的计划指标体系，同单位及个人的晋升及奖惩联系起来。促使单位和个人都自觉主动地在生产和其他活动中积极采取有效措施，切实地防止和治理污染。

2."三同时"制度。这是一项控制新的污染源，防止环境遭受新的污染破坏的根本性措施和重要的法律制度。该制度的主要内容是：建设项目（包括新建、改建、扩建项目）中的防治环境污染和其他公害的设施，必须与主体工程同时设计、同时施工、同时投产。

3.排污申报登记制度。实行该制度，就是要求所有排污单位，都应当按照环境保护部门的规定，向当地环保部门申报拥有的污染排放设施，处理设施，在正常作业条件下排放污染物的种类、数量和浓度，并提供防治污染方面的有关资料等。

4.排污收费制度。所有排污单位，必须按有关规定，并根据本单位排污的种类、数量及浓度，缴纳一定的排污费。根据环境保护法及有关法规的规定，征收排污费的方式有两种，一是排污超标收费，即排污超过国家或地方规定的标准的，就依法按规定缴纳超标准排污费；二是排污收费，即只要排污就必须缴纳排污费。如果超标准排污，则应缴纳超标准排污费。这两种排污收费制度，第一种适用于除向水体排污外的一切排污行为。第二种仅适用于向水体排污的行为。由此看来，采取这两种制度，对有限的水资源的保护要更严重些。实行排污收费制度的目的，在于促进有关单位加强环境管理，节约和综合利用资源，积极防治污染。

5.谁污染谁治理的制度。这是对长期超标准排污，造成环境严重污染的企事单位或个人，规定一定的期限，强令在此期限内完成治理任务，达到治理目标的制度。若在规定期限内未完成治理任务，达不到治理目标，则要给予相应的处罚。

6.环境监测制度。环境监测制度，是环境保护部门通过建立环境监测网络，运用技术手段，调查和掌握环境状况及发展趋势，并提出改善措施的一种制度。

《中华人民共和国环境保护法》之所以是一个综合性的环境法规，是因为它对保护和改善环境涉及的内容广泛。其主要规定包括：对生态环境的保护；对珍稀动植物的保护；对文化环境的保护；对农业环境的保护；对海洋环境的保护；对生活环境的保护等。

**（三）按保护对象和防治对象制定的专门性环境法规**

这类法规种类较多，本问题仅对与村镇环境保护有关的法规作简要介绍，其他法规，读者可参考有关资料。专门性的环境法规，是以宪法和综合性的环境保护法为立法基础制定的，针对某一具体对象的特点，进行专门的法例调整。这类法规的特点是要协调的内容非常具体，也就是说，是按照政府的环境保护政策及环境保护法解决具体问题、处理环境纠纷和审理环境案件的直接依据。对于综合性的环境保护法，即《中华人民共和国环境保护法》来讲，单行法规是它的手法，是对综合性环境保护法中某一个或相关的几个条款的具体化。下面在针对村镇环境的前提下，从按保护对象和防治对象的角度，对有关的单行法规作如下简要介绍。

1.关于保护自然资源的法规：

（1）《中华人民共和国森林法》。此法1984年9月20日由五届全国人大常委会七次会议通过，1985年1月1日起施行。该法的重点是有关保护森林资源的规定，对大力开展植树造林的法律保障、森林采伐的许可证制度、各级森林管理机构的设置及职责等作了明确的规定。

（2）《中华人民共和国草原法》。此法1985年6月18日六届全国人大常委会十一次会议通过，1985年10月1日起施行。该法共32条，它对于草原的保护、草原所有权和使用权、权纠纷处理，以及草原的管理、建设、合理利用、保护和改善生态环境、发展现代化畜牧业、促进民族自治地方经济的繁荣等作了重要的规定。

（3）《中华人民共和国矿产资源法》。此法于1986年3月19日六届全国人大常委会第十五次会议通过，1986年10月1日起施行。该法对矿产资源（地表或地下矿产）属于国家所有的原则做了十分明确的规定。还对矿产资源勘查实行统一登记，采矿需经申请审批，并应取得开采许可证的制度作了规定。还在规定国营矿山是开采的主体的同时，强调了对乡镇、集体矿山及个体实行扶持，加强管理，并对开采的范围、矿产资源的种类作了规定。对乡镇、集体及个体采矿的技术水平、利用率等作了明确的规定。

（4）《中华人民共和国土地管理法》。此法1986年6月25日由六届全国人大常委会第十六次会议通过，于1987年1月1日起施行。本法对加强土地管理、各级管理机构的设置和保护、开发、合理利用土地资源、制止乱占滥用土地等作了明确的规定；对国有土地资源的所有权和使用权、土地的利用和保护、乡（镇）村集体及个人建设用地、集体和个人乱占滥用耕地和造成土地破坏的处罚等作了详尽的规定。

2.关于防治污染的法规：

（1）《国务院关于环境保护工作的决定》。此决定即国发（1984）64号文件。它把保护和改善生活环境和生态环境，防止污染和自然环境破坏，作为我国社会主义现代化建设中的一项基本国策。并且规定：新建、扩建、改建项目（包括小型项目）和技改项目，一切可能造成污染和破坏的工程建设和自然开发项目，都必须严格执行防治污染的措施与主体工程同时设计、同时施工、同时投产（常称"三同时"）。各级政府部门要加强对乡镇企业和街道企业的领导，搞好发展规划，确定产品方向和布局，制定相应的规章制度，切实防治环境污染和破坏。要保护农业生态环境，大力推广生态农业，防止农业环境的污染和破坏等作了很全面的规定。

（2）《国务院关于加强乡镇、街道企业环境管理的规定》。此规定1984年9月27日由国务院颁发。即国发（1985）135号文件。本规定对调整企业发展方向、合理安排企业的布局、生产项目和产品、控制新的污染源、制止污染转嫁和加强对乡镇、街道企业管理的领导等都作了明确规定。它不仅是乡镇、街道企业环境管理的法律依据，也是村镇规划、建设和管理的法律依据。

（3）《关于基建项目、技措项目要严格执行"三同时"的通知》。此通知即（80）国环字第79号文件，是由国家计委、原建委、经委和原国务院环境保护领导小组于1980年11月1日发出的。有关的主要内容是：

①在安排基建计划时要落实"三同时"。具体要求有：从1981年起对新建、扩建的大中型基建项目，凡可能产生污染、影响环境的，必须提出环境影响评价报告书，并经环保部门审查同意后方能确定厂址；在安排计划时必须采取有效的防治污染措施，否则不得列入计划，凡列入计划的基建项目，需建设的环境保护工程必须作为基建项目的内容之一明确列出；建设项目的概、预算及决算要明确列出环境保护设施的投资情况；基建项目工程的检查和调度，要包括环境保护工程的建设情况。

②建成竣工的建设项目，在工程验收时要把检查污染治理工程作为一个重要的验收内容。凡是污染治理工程没有建成的不予验收，不准投产。对强行投产的要追究责任。并限期建成，逾期不建成者项目应停建。工程验收要通知当地环境保护部门参加。

③本通知对小型建设项目、技措项目、社队企业、街道企业、农工商联合企业等均适用，各地应根据通知的要求认真组织实施。

（4）《建设项目环境保护管理办法》。此管理办法于1986年3月26日由国家环境保护委员会、国家计委、经委颁布实施。

本办法适用于工业、交通、水利、农林、商业、卫生、文教、科研、旅游、市政工程等对环境有影响的一切基建、技改及区域开发建设项目。并对上述项目必须执行环境影响报告书的审批制度、执行主体工程与环保设施"三同时"制度，对违反有关制度的处罚等作了重要规定。对环境影响报告书（表）的形式及内容作了较详细的规定。

（5）《征收排污费暂行办法》。此办法即国务院国发（1982）21号文件，于1982年7月1日起执行。

本规定对执行《工业"三废"排放试行标准》及其他有关标准的单位，征收排污费及征收办法等作了明确的规定。特别是对新建、扩建、改建的工程项目和挖潜、革新、改造的工程项目排放污染物超过标准，以及虽有污染物处理设施但不运行或者擅自拆除，排放污染物又超过有关标准的应当加倍收费。

3.关于自然保护的法规：

（1）《国务院关于严格保护珍贵稀有野生动物的通令》。此通令是1983年4月13日国务院发布的，即国发（1983）62号文件。其有关的主要内容有：珍贵稀有野生动物的保护是精神文明和物质文明建设的一项重要内容，是公民应尽的职责；坚决制止乱捕滥猎珍贵稀有野生动物；保护珍贵野生动物的生存环境；对濒危的珍贵野生动物的繁殖，应禁止一切影响其生存繁殖的生产开发活动。

（2）《森林和野生动物类型自然保护区管理办法》。此办法由国务院1985年6月21日批准，林业部于1985年7月6日公布施行，本办法规定，任何单位、个人未经有关部门（林业或政府）批准，不得进入自然保护区建立机构、修筑设施。保护区内的居民应当遵守有关规定，固定生活及生产活动范围，但在不破坏自然资源的前提之下，居民可从事种植、养殖业，也可承包保护区组织的劳务或保护区管理任务，以增加收入，提高居民的物质文化生活水平。

（3）《风景名胜区管理暂行条例》。此条例即国务院国发（1985）76号文件，1985年6月7日发布并施行。本条例的有关规定是：已设在风景名胜区的所有单位，都必须服从管理机构对风景名胜区的统一规划和管理；风景名胜区内的土地，任何单位及个人均不得侵占；在珍贵景物及重要景点上，除用于保护的有关设施外，不得增建其他设施；在风景名胜区内的居民或游览者，要爱护风景名胜区的景物、林木植被、野生动物和各项设施，遵守有关的规章制度。

4.关于保护水环境的法规：

（1）《中华人民共和国水污染防治法》。此法1984年5月11日由六届全国人大常委会第五次会议通过。本法对其适用范围、防治的意义；水环境质量标准和污染物排放标准的制定；水污染防治的监督管理；防止地表水污染及地下水污染等作了较明确的规定。

（2）《中华人民共和国海洋环境保护法》。本法1982年8月23日由五届全国人大常委会第二十四次会议通过。本法共八章、四十八条。对制定的目的及适用范围；防止海洋工程对海洋环境的污染损害；防止海洋石油勘探开发对海洋环境的污染损害；防止陆源污染物对海洋环境的污染损害；防止船舶对海洋环境的污染损害；防止倾倒废弃物对海洋环境的污染损害及违反该法应负的法律责任等作了明确的规定。

5.其他有关法规：《中华人民共和国文物保护法》。此法1982年11月19日由五届全国人大常委会第二十五次会议通过。本规定对文物保护单位的确定与保护；文物的考古与发掘工作；馆藏和私人收藏文物；文物出境及在保护文物方面的奖励与惩罚等作出了明确规定。

（四）环境质量标准

随着环境保护工作的不断发展，我国环境保护的环境质量标准也在不断地健全完备。本问题仅对部分有关村镇环境质量标准和污染物排放标准作一定的介绍。环境质量标准是具有法律性质的技规范，是进行村镇环境监测、监督和管理的依据。

1.有关大气环境的质量标准：《大气环境质量标准》（GB 3095—82）。本标准适用于全国范围的大气环境。有关村镇环境的内容有大气环境质量标准的分级（分为三级）、分级标准浓度的限值（见表5-2）；大气环境质量区的划分及其执行标准的级别，确定大气环境质量区分为三类；有关大气环境的其他内容。

2.有关水环境的质量标准：

（1）《地面水环境质量标准》（GB 3838—88）。本标准1988年4月5日由国家环境保护局批准，1988年6月1日实施。标准的适用范围是我国领域内的江河、湖泊、水库等具有使用功能的地面水水域。地面水环境质量标准是进行环境规划、管理、评价和制定污染物排放标准的重要依据。本标准的主要内容包括：水域功能分类（依据地面水水域使用目的和保护目标将水域功能分为五类）、水质要求、标准的实施和水质监测等内容。

（2）《生活饮用水卫生标准》（GB 5749—85）。此标准是1985年8月16日由国家卫生部发布，1986年10月1日起实施的。标准适用于城乡供生活饮用水的集中式给水（包括各单位的自备生活饮用水）和分散式给水。主要内容有：水质标准和卫生要求；水源选择；水源卫生防护；水质检验等。

（3）《农田灌溉水质标准》（GB 8084—85）。此标准1985年4月25日由国家环境保护局发布，1985年10月1日起实行。标准适用于以地面水、地下水和工业废水、城市污水作水源的农田灌溉用水。主要包括：农田灌溉水质标准；水源保护；水质监测等。

（4）《渔业水质标准》（GB 11667—89）。此标准适用于鱼虾类的产卵场、索饵场、越冬场、回游通道和鱼虾贝藻类养殖场等海、淡水的渔业水域，是对一般渔业水质的要求。内容主要包括：水质标准、保护和监测等。

3.有关环境噪声标准：

（1）《城市区域环境噪声标准》（GB 3096—82）。该标准仅适用于城市区域环境。在目前还没有主要针对村镇环境的噪声标准的情况下，标准中的有关内容可供村镇在进行村镇建设规划或环境规划建设、管理时参考。但在具体问题上不能作为（建制镇除外）规定。

（2）《机动车辆允许噪声标准》（GB 1495—79）、《机动车辆噪声测量方法》（GB 1496—79）。前者是规定的机动车辆产品的噪声标准，当然也是村镇环境保护中对机动车辆噪声检查的依据。后者是在检测时规定的测量方法等。

4.有关污染物的排放标准：

（1）《污水综合排放标准》（GB 8978—88）。此标准由国家环境保护局1988年4月5日发布并执行。标准将污水中的污染物按其性质、浓度和危害成度等分为两类。

（2）《污染物综合排放标准》（GB 8383—88）。本标准针对各行业的污染源制定相应的排放标准。它是以污染物为对象，根据不同行业而制定的。本标准代替了原标准《工业"三废"排放试行标准》（GBJ 4—73）中的废水排放标准。

5.其他有关标准：

（1）《农用污泥中污染物控制标准》（GB4284—84）。本标准1984年5月18日由原城乡建设环境保护部发布，1985年3月1日起实施。本标准适用于在农田施用城市污水处理厂污泥、城市下水沉淀池污泥、某些有机物生产厂的下水污泥以及江、河、湖、库、塘、沟、渠的沉淀底泥。

（2）《工业企业设计卫生标准》（TJ 36—79）。此标准由国家卫生部、原国家建委、计委、经委、劳动总局于1979年9月30日颁发，1979年11月1日起实行。本标准对"最高允许浓度"的概念作了明确的规定，并列出了30多种有害物质的最高允许浓度。这为工业企业的建设项目与其防治污染的工程同时设计、同时施工、同时投产（三同时）确定了依据。

此外，还有《放射性防护规定》（GB 8703—88）等标准。其中放射性防护规定对放射性废气、废水、废渣的治理、排放、放射性物质的最大允许浓度和限制浓度等作了明确的规定。

### （五）刑法、民法、行政法等法规中关于环境保护的条款

《中华人民共和国刑法》第三章第128条对"违反保护森林法规"、第129条对"违反保护水产资源法规"及第130条对"违反狩猎法规"的行为等的处罚作了明确的规定；第六章对"违反保护文物法规"，"故意破坏国家保护的珍贵文物、名胜古迹的"，"违反国境卫生检疫规定"等行为的处罚的规定等。

《中华人民共和国民法通则》第五章对"国家所有的土地"，"国家所有的森林、山岭、草原、荒地、滩涂、水面等自然资源"，"国家所有的矿藏、水流"等的保护、使用权力、管理等明确规定了其责、权、利。

总的来说，刑法、民法等法律中的环境保护条款是我国环境法规体系中的一个非常重要的组成部分，在某种意义上来说，它更加重了环境法规的力度，对依法治理环境起到了很强的保障作用。

## 第三节　村镇环境规划管理

村镇环境规划，就是在环境法规的基础上，依据本村镇或区域经济及社会发展速度、环境保护等基本特点，从维护生态环境出发，对本村镇的乡镇企业及产品方向、企业及居住区的布局；对污染治理、自然资源保护、人口增长与经济发展的合理安排；对农业生态环境的维护等问题作了科学而全面的规划。因此，环境规划也是村镇建设规划的一部分，也是具有法律效应的文件。由村镇环境的特点，协调人类经济发展活动与环境之间的关系，是解决"人与环境"这个对立统一矛盾的根本出路。这也是村镇环境管理的基本任务。而村镇环境规划则是环境管理工作的核心，是协调经济发展与环境关系的重要手段。因此，没有环境规划就谈不上环境建设，环境管理也就没有依据。

### 一、村镇环境规划的内容

根据环境保护的方针政策，以及目前村镇的具体情况，村镇环境规划的内容应包括以下七个方面。

1.预计在规划期内要达到的环境质量目标。环境质量目标，从保护阶段来讲，应有一个总的原则。比如说，人们生活的基本环境条件，是达到适应、舒适、较好还是良好；与现状比较，环境条件是逐渐恶化还是有所好转、明显改善；从环境质量讲是提高还是下降了，若是提高的话提高了多少；再如从环境基本要素讲，应分别明确大气、水体、土壤和噪声等环境质量达到什么程度。例如大气环境质量是达到一级标准还是达到二级标准等。

2.土地及其他自然资源的合理开发、利用和规划。

3.村镇各项建设项目的合理布局。主要指对乡镇、村办企业和商业、文教卫生、农业、居住区的功能区的布局、调整和改造规划。

4.乡镇企业污染的控制及治理规划。主要对乡镇、村企业的产业结构和产品方向、生产规模、污染物排放及治理要求等进行安排和规划。

5.生态农业发展规划。包括农、林、牧、副、渔业综合协调发展规划;山、林、水、田、路综合治理规划等。

6.能源结构规划。一定期限内能源结构的规划。它包括利用太阳能、风能、沼气能、地热能及潮汐能等规划。

7.人口控制、村镇绿化及其他有关规划等。

## 二、环境规划与建设规划的关系

环境规划是村镇建设规划中重要的组成部分。建设规划一般应包括村镇经济、社会发展规划、生产发展规划、土地利用规划、人口控制规划、环境规划等。与建设规划中其他单项规划相比,环境规划所不同的是,它是一个涉及土地、水域、工农业生产、人口、绿化等多方面的综合性规划,又与多方面的专项规划互相联系、互相制约而又独立地成为体系。

村镇环境规划必须以村镇建设规划为依托,又在某种程度上起着调整建设规划的作用。因此,在编制村镇环境规划时,对村镇建设要有一个总体构想,这个总体的构想既要包括村镇经济的发展,又要包括村镇建设的前景。并根据构想,结合环境现状,预计未来环境的发展趋势,也就是通常所说的,在环境现状评价的基础上,进行未来一段时间的环境状况预测。若预测的结果不能满足相应的(指按国家或地方的)环境保护目标,则要对预测的结果和经济社会发展目标进行权衡和调整。或调整环境目标;或调整经济社会发展目标;或者二者同时调整,最终达到经济社会与环境保护相互协调发展的目的。这个目标是使村镇经济、社会发展和改善环境互相适应、同步前进、协调发展的最佳目标。在此目标下,村镇才能取得良好的经济、社会和环境的效益。否则若环境目标偏低,达不到改善环境的目的;若环境目标偏高而实际上又达不到,那么改善环境便是一句空话。

村镇环境规划首先还要考虑到与其相联系的区域的关系。一般来说,村镇的环境规划在县环境规划的总要求下进行编制。否则,就会出现因规划不合理而造成环境污染。例如,目前比较突出的水源污染问题中,就出现了这样的情况,甲乙两村均采用同一条河流作为生活饮用水源,甲村(位于乙村的上游)将本村村办企业及村民生活污水等排入自己下游河水中,而甲村下游正是乙村的上游,乙村得不到清洁水源。因此,村镇环境规划应与其周围村镇相互协调,而且应在区域性的环境规划指导下进行编制。

在环境规划中,由于各村镇的自然条件、地理特征等差异较大,环境规划还要从村镇的性质、功能、特点等实际情况出发,把村镇划分为综合型、农贸集市型、工商型、交通枢纽型、旅游服务型等。规划要注意充分发挥其自然特色、传统风韵,使其格局多样、各具千秋,适应发展。

环境规划作为建设规划(总体规划)的重要组成部分,其编制、通过、审批等环节基本同建设规划。规划编制完成后,要报县级人民政府审查批准。环境规划一经批准,即具法力效应,任何单位及个人都必须认真执行,不得违抗。

### 三、加强村镇建设管理

随着农村商品经济的快速发展，全国的村镇建设发展也十分迅速。但由于各地的自然条件、经济社会发展水平、人口密度和交通等存在着较大的差异，因此各地村镇建设发展速度也有明显的差距。即使是某些自然条件较好的地方，在村镇规划、建设、管理方面也存在着一些问题。归纳起来主要是，绝大多数的村镇特别是有些村至今仍无污水排放和处理设施，污水乱泼滥倒的现象严重；修房不筑路、建房不砌沟，以至于盖了房子乱了院子；垃圾、粪便随便弃置；住宅与畜禽圈栏交杂而设，空气浑浊，臭气难闻。问题产生的原因：近年来乡镇企业的发展中带有一定的盲目性，包括产业结构、产品方向、技术设备、人们的环境意识等方面问题较多。当然最根本的问题还是规划意识，包括环境的规划意识。例如，当前突出存在的村镇发展仍然有少数没有规划，有的虽有规划但或是深度不够不合理，或是弃之不执行，规划的编制和实施都跟不上建设的发展。因而除了出现上面一些问题外，还有如土地利用不合理，各种资源浪费严重，少数地方乱占滥建房屋屡禁不止；不注意保护生态环境，环境污染和生态破坏的问题普遍存在，个别地方已十分严重。

根据当前村镇建设的实际，要建设高度文明的新型村镇，就必须同时抓好建设规划和环境规划。村镇建设和环境保护要坚持统一规划、统一开发、综合建设的方针。从规划、设计开始，就要重视环境保护，做到环境保护与经济建设、村镇建设同步规划、同步实施、同步发展。

在建设管理中，老村镇的改造任务比较繁重。必须坚持合理利用、调整布局、逐步改造、完善配套的管理原则。目前，全国已有80％以上的村和90％以上的集镇已完成了建设规划，使长期以来的盲目发展和自流建设的状况开始得到扭转。据有关资料，仅1989年全国农民建房及村镇公用建筑6.3亿m²。还修建了一批生活服务设施、公用基础设施和文化福利设施，全国约50％左右的农民吃上了清洁卫生水。文明村、镇的建设评比活动，使村镇的面貌发生了一定的变化。但还必须看到，正如前面已谈到的，在村镇建设的规划、建设、管理等方面还存在着问题，有的地方还很严重。这其中要特别注意的是：必须严格控制村镇建设用地；加强村镇基础设施的建设，特别是给水排水、污水处理、粪便垃圾贮存处理、厕所、畜禽圈栏、道路交通、园林绿化等设施（这是引起农村环境问题的主要因素）的建设和管理；建设规划既要求村镇布局紧凑合理，又要注意近期改造、建设与长远规划相协调，考虑到未来的发展问题。在改造老村镇时，要继续把道路、给水排水、污水处理等一系列长期未解决好的问题解决好，要做到合理改造、配套建设、一体实施。

根据政府关于重视发展小城镇，以集镇建设为重点的指导方针，要逐步把那些经济发展快、技术条件好、商品经济比较活跃，已初具规模的村镇分期分批地、有计划地、有步骤地建设好。在今后的建设管理中，一定要紧密结合新村镇的建设和老村镇的改造，力求村镇建设的经济、社会和环境效益的统一。

### 四、某些特殊环境下的建设管理

广大村镇接近大自然，许多村镇山青水秀、气候宜人、自然资源丰富、地形地貌造型优美。所谓特殊环境，主要指那些分布于全国各地的自然保护区、风景名胜区、国家公园、水源保护区、文物古迹所有地等所有由国家或地方专门划定的具有特殊功能和环境要求的区域。这些特殊环境建设的基本要求是：

1.自然保护区内的核心保护区。这类地区绝对不许污染和破坏；环境控制区是可供科研、考察或适当开发、开放的区域，但应以保护为前提；环境协调区是保护区的外围地域，可以进行正常的生产和生活活动，但其行为不应导致对环境的破坏和不良后果。

2.自然保护区是指国家在不同的自然地带和大面积自然地理区域内，划出一定的范围，对自然资源和自然遗产加以保护的场所，同时也是进行教学、科研的基地和开展旅游的良好场所。风景名胜区，具有观赏、文化或科学价值。自然景观、人文景观比较集中，环境优美，并具有一定的规模和范围，是供人们游览、休息或进行科学、文化活动的有利地区。国家公园一般也具有类似自然保护区的性质和作用，但它面积大，是面向广大群众，提供游览、休息、科研和文化活动的地区。

根据以上特殊环境区域的性质和作用，我们在村镇建设中应注意以下几个方面的问题：

1.根据不同特殊区域的性质、功能及本区域的发展规划，制定村镇建设规划。任何单位和个人所进行的各项建设活动，都必须按照建设规划实施，严禁乱占滥建。

2.经正式批准在特殊环境区域建设的各种项目，要按规划确定建址定位，要尽量少占用土地，特别是少占用耕地，要特别注意防止对植物等的破坏，保护自然生态环境。

3.在特殊区域内的村镇，在环境规划时要根据不同区域的特点，注意充分利用当地自然资源，发展无污染的旅游服务业和其他利于环境保护的加工业。

4.严禁在特殊环境区内建设有污染的乡镇企业或其他设施，对已建成或已投产的污染严重的企业要令其停产、搬迁。各旅游服务设施所排放的废弃物、污水等，要按规定妥善处理，或符合国家对该地区的环境质量标准或要求。

5.在特殊环境区域内的村镇，村委会或乡镇政府应加强对环境保护工作的领导，要配备专职或兼职的乡镇环境保护人员，与特殊环境区域内的管理机构密切配合，发动本村镇的全体群众，自觉保护本地区的自然环境。

## 五、村镇环境建设的目标和对策

根据党和国家制定的国民经济建设总目标，及第二次全国环境保护会议精神，到2000年我国的环境保护奋斗目标是：力争全国环境污染基本得到解决，自然生态基本恢复良性循环，城乡生产、生活环境清洁、优美、安静，全国环境状况基本上能够同国民经济的发展、人民的物质文化生活水平的提高相适应。为了达到这一目标，各村镇应根据自己的特点和优势提出不同的对策，这不仅仅是村镇建设和发展的需要，也是村镇环境规划和管理的需要。限于目前农村经济社会发展水平多数还很低，各种条件也不够成熟，下面仅对一些基础（如自然资源）条件较好但类型又不相同的集镇应采取的对策说明如下：

1.对于风景名胜型的集镇。这类集镇大都山川秀丽、名胜古迹较多，易于吸引远近游人。近年来开发的许多旅游区均属这类性质。对处于风景旅游区的集镇，要重点保护好自然景观和名胜古迹，要把这作为本村镇环境保护的一项重点内容。为此，对现有污染型企业，要分别实行关、停、转、迁、治的措施。更不准新批建有污染的乡镇企业。

2.对于经济发展型集镇。这类集镇大都处于平原开阔地带，人口密度大，乡镇企业及商业比较发达，交通方便，经济基础较雄厚，条件好。但往往工业"三废"及噪声等污染较为严重。其主要特点是：发展潜力大、后劲强，对国家及各级下放企业有一定的吸引力。其主要对策是：对现有污染严重的企业，要限期治理，新建企业要严格执行建设规划，要按规划选址、定点。建设项目与环保工程必须严格执行"三同时"的有关规定。要继续抓好建设规划和环境规划，并注意根据变化了的情况，经常不断（在一定时间内而言）调整和完善规划。

3.对于矿产资源开发型集镇。对这类集镇，首先要着重宣传贯彻矿产法，不断进行矿产资源属国家所有的思想教育，要加强法制管理。同时要加强矿产资源的开发、利用和保护，加强村镇建设规划和环境规划管理。坚决制止盲目开采，杜绝小冶炼类的耗能、耗料、污染严重的集体或个体企业。要在矿产资源方面严格执行谁开采，谁保护的规定。要保护好地形、地貌和自然景观。

4.对于经济暂不发达的集镇。这类集镇一般自然资源条件不明显，基础较薄弱，经济社会发展水平比较低，一般无明显的污染。在建设管理中，关键是防止自然生态的破坏，保护好植被和其他资源，防止周围其他村镇的污染向本地迁移而造成的污染和破坏。

我国广大村镇的自然本底环境状况一般都比较好，但目前大都出现了这样或者那样的环境问题，这除了主观上对环境问题的严重性的认识不足之外，在客观上规划和管理不合理，环境执法不严也是出现问题的主要原因。只要村镇建设、环境管理和有关部门的进一步重视，及早防止环境问题的发展，就能够做到村镇经济建设蓬勃发展，环境面貌日益改善。

## 第四节 加强乡镇企业的环境管理

乡镇企业环境污染的治理虽然已取得了一定成绩，但在不少地区治理速度仍赶不上污染发展速度。因此，必须长期坚持以预防为主，预防与治理相结合的原则，把加强乡镇企业的环境管理放在环保工作的首位。

近年来，乡镇企业蓬勃发展，且方兴未艾，这不仅为村镇经济发展打下了基础，但同时也是村镇环境的主要污染源。对此必须从经济发展和环境保护两个方面予以综合考虑。国务院《关于加强乡镇、街道企业环境管理的规定》，为发展乡镇企业，防治乡镇企业污染指明了方向，制定了强有力的治理措施，使乡镇、街道企业环境治理问题有法可依。对待乡镇企业，必须执行"积极扶持，合理规划，正确引导，加强管理"的方针，以求得经济效益、社会效益和环境效益的统一。

### 一、乡镇企业的发展方向

乡镇企业发展的实践表明，选择适当的产品、调整产业结构和乡镇工业的发展方向，是防止村镇环境污染的关键。一般来讲，兴办乡镇企业要立足于农牧业，服务于农牧业，重点发展农副产品加工业，农副产品的产前及产后服务行业。一些有条件的村镇，在保护自然资源和环境的前提下，适当发展小型采矿业、小电站、建筑材料等行业。在经济基础较强，发展速度较快的地区，根据实际需要和自身条件，也可发展一些为国家大中型企业配套、为出口创汇企业服务及为城乡居民生活服务的加工业、服务业等。

发展乡镇企业的重要前提，是要注意防止对环境的污染，而不应盲目地发展那些高能耗、低效益、以牺牲环境作为代价的单纯追求暂时的、局部利益的企业。对乡镇企业的产业结构和产品发展方向，国务院《关于加强乡镇、街道企业环境管理的规定》作出了关于乡镇企业"要在当地政府的统一指导下，根据本地区的自然资源情况、技术条件和环境状况，全面规划，合理安排，因地制宜地发展无污染和少污染的行业"的规定。并且对乡镇企业的产品方向作了明确规定，规定指出："对于含有在自然环境中不易分解的和能在生物体内蓄积的剧毒污染物或强致癌物成分的产品，如汞制品、砷制品、铅制品、放射性制品、联苯胺、多氯联苯、六六六、滴滴涕等，任何部门、单位和个人，都不准生产和经营。"关于兴办乡镇企业的限制，规定指出："不准从事污染严重的生产项目，如石棉制品、土硫磺、电镀、制革、造纸制浆、土炼焦、漂染、炼油、有色金属冶炼、土磷肥和染料等小化工，以及噪声振动严重扰民的工业项目。"这主要因为，不仅上述产品的污染严重，而且乡镇企业一般规模较小，技术力量薄弱，一般无力进行全面的治理。故国家对乡镇结构和产品方向作出的上述规定，是完全正确的和必要的。

## 二、新建、改建、扩建项目环境保护的管理

对乡镇企业的新建、改建、扩建项目，严格执行"三同时"的原则，是防止新污染源产生，防治村镇环境污染的主要手段。

1.关于新建、改建、扩建项目的审批。在审批乡镇企业的新建、改建、扩建项目时，首先必须严格执行《国务院关于加强乡镇、街道企业环境管理的规定》。对产品中含有在自然环境中不易分解的和能在生物体内蓄积的剧毒污染物或强致癌物成分的项目。如汞制品、砷制品、铅制品、放射性制品、联苯胺、多氯联苯、六六六、滴滴涕等；以及污染严重的生产项目，如石棉制品、土硫磺、电镀、制革、造纸制浆、土炼焦、漂染、炼油、有色金属冶炼和染料等小化工；噪声振动严重扰民的项目，均不予审批。

2.严格执行"三同时"项目的环境管理。凡从事对环境有影响的新建、改建、扩建项目，都必须执行环境影响报告表（书）制度，执行防治污染及其他公害的设施与主体工程同时设计、同时施工、同时投产（三同时）的制度。

凡属引进的建设项目（包括中外合资、中外合作、外商投资的基建项目）必须严格执行国务院关于加强对外经济开放地区环境管理的有关规定。

建设项目建成后，其污染物的排放必须达到国家或地方规定的标准，必须符合环境保护的有关法规。

3.环境影响报告表（书）的审批：

（1）建设单位在对建设项目进行可行性研究阶段，就要完成环境影响报告表（见表6-1）的填写或环境影响报告书的编写工作。

（2）乡镇环保部门或环保员、乡镇工业主管部门、县工业主管部门对环境影响报告表（书）提出初审和审查意见，然后报县环保部门审批。投资额已超过县审批权限时，还要报地区或市工业主管部门和环境保护部门审批。

（3）建设项目环境影响报告表（书）经环保部门审批同意之后，计划部门才能办理设计任务书的审批手续，土地管理部门才能办理征地手续，银行才能予以贷款，否则一律不予办理手续。

4.建设项目初步设计中环境保护篇章的审批：

环 境 影 响 报 告 表

表 6-1

单位盖章：　　　　　　　　　　　　　　　　填表日期　　　年　月　日

| 项 目 名 称 | | 土 建 面 积 | | m² |
|---|---|---|---|---|
| 年 生 产 规 模 | | 主要原材料消耗 | | |
| 生产工艺简介 | | | | |
| 环境污染情况<br>（排放污染物浓度、<br>数量、总量等） | | | | |
| 防治污染的主要措<br>施、效果及对环境<br>的影响 | | | | |
| 环 境 投 资 | | 总 投 资 | | |
| 新、改、扩建项目环境<br>状况（包括原生产情<br>况） | | | | |
| 县主管部门审查意见 | | 乡镇主管部门<br>审查意见 | | |
| 经 办 人 | 年　月　日 | 经 办 人 | 年　月　日 | |
| 县环保部门<br>审批意见 | | 乡镇环保部门<br>或环保员<br>初审意见 | | |
| 经 办 人 | 年　月　日 | 经 办 人 | 年　月　日 | |

填表人：　　　　　　　　　　　　　　　　电话

附：建设项目地理位置及总平面图　　　　×××环保局办

（1）建设项目的初步设计，必须有关于环境保护的篇章。其内容主要包括：环境保护措施的设计依据；环境影响报告表（书）及审批规定的各项要求和措施；防治污染所采取的工艺流程、预期效果；对资源开发引起的生态变化所采取的防范措施；绿化设计，监督手段，环境保护投资的概预算等。

（2）凡环境保护设计篇章未经环境保护部门批准的建设项目，有关部门不办理施工执照、物资部门不供应材料和设备。

5.环境保护设施的竣工验收：

（1）建设项目在正式投产或使用前，必须由建设单位的主管部门，对环境保护设施竣工验收进行预审，然后向负责审批的环境保护部门提交《环境保护设施竣工验收报告》。说明环境保护设施试运行的情况、治理的效果、达到的标准。经验收合格并发给《环境保护设施验收合格证》后，方可正式投入生产和使用。

（2）建设项目的环境保护设施没有建成或达不到规定要求的，不准投产；没有取得《环境保护设施验收合格证》的建设项目，工商行政管理部门不办理营业执照。强行投产的要追究有关单位和有关人员的责任。

### 三、乡镇企业的合理安排与布局

对乡镇企业的合理安排与布局，既是开发利用自然资源、发展村镇经济、合理安排和分布生产力的客观要求，也是控制污染、保护村镇环境的需要。因为发展乡镇企业与保护环境的最终目的是一致的。因此，要求乡镇企业的选址、定点及其构成，除了考虑自然资源条件外，还必须考虑发展村镇经济与保护环境的关系。实践已证明，在企业安排布局不合理的情况下，即使耗用较多的资金，采取严格的技术手段和管理措施防治污染，也往往难以收到预期的效果。相反地若工业结构和厂点布置规划好了，将有利于工业"三废"和自然资源的综合利用，有利于控制、减轻和消除严重的环境污染。

根据《国务院关于加强乡镇、街道企业环境管理的规定》，"在城镇上风、居民稠密区、水源保护区、名胜古迹和风景游览区、温泉疗养区和自然保护区内，不准建设污染环境的乡镇、街道企业。已经建成的，要坚决采取关、停、并、转、迁的措施"。关于污染环境的乡镇企业，从维护自然生态平衡和保护环境的角度出发，有关资料将乡镇企业中生产性质各不相同的工厂企业大致划分为八种类型。乡镇企业按污染情况分类见表6-2。

企业厂址的选定应考虑以下几种条件下，气象及地理的影响因素。

1.在山谷走向与大气主导风向接近于垂直且谷深大于250m的地带，由于山坡阻挡，自然通风较差，在谷底或坡下兴建排放废气的工厂，使被污染的大气得不到更换，极容易产生严重的污染。山地位置与烟气扩散示意见图6-1。图中1、3两位置极易产生污染。所以对排放废气的工业厂址，应该选择在通风良好的位置，如图6-1中的2位置。

2.在山区沟谷地带或山地与平原交接地带，气流沿沟谷流动，晚上产生山风，白天产

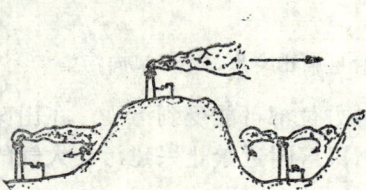

图 6-1　山地位置烟气扩散示意　　　图 6-2　村镇工业区与居住区在谷地相对位置

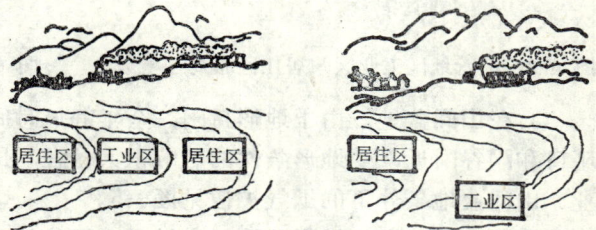

| 类 别 | 企 业 性 质 | 企 业 名 称 | 宜于布置的场所 |
|---|---|---|---|
| 第 一 类 | 产生大量有害烟气的工业 | 钢铁、有色金属冶炼、水泥厂、白灰厂、磷肥厂、砖瓦厂、沥青厂等 | 宜兴建于居民区主导风的下风向、空旷地段、远离游览区和名胜古迹 |
| 第 二 类 | 易燃易爆的工业项目 | 炼油、化工、制氧、棉花加工、纸制品、有机制剂、鞭炮生产等 | 适宜于距居民区、游览区、仓库较远的位置 |
| 第 三 类 | 释放毒气和腐蚀性等气体的工业 | 氯碱厂、农药厂、硫酸厂、炼铝厂等 | 建于居民区的主导风的下风向 |
| 第 四 类 | 散发臭气的工业 | 制革厂、造纸厂、化工厂、屠宰厂、肥料厂等 | 应建于居民稠密区的主导风下风向、远离游览区、疗养区 |
| 第 五 类 | 产生噪声、振动的企业 | 织布厂、锯木厂、粉碎加工、机械抛光铸锻、冲压等 | 远离居民区、医院、学校、幼儿园、疗养区等 |
| 第 六 类 | 产生大量有毒有害废水的工业 | 造纸厂、漂染厂、电镀厂、染料厂等 | 防止水体污染，应远离水源保护区和养鱼池 |
| 第 七 类 | 对地质、地貌和自然景观造成破坏的企业 | 露天开矿、开山采石等 | 应在风景游览区、自然保护区以外区域建设 |
| 第 八 类 | 无污染或少污染的企业 | 编织、刺绣、服装、鞋帽、电子元件生产等 | 可在居民区附近适当兴建，但应注意噪声干扰 |

生谷风，形成较稳定的局部环流。工厂排出的烟气受山谷风影响沿沟谷弥漫扩散。因此，产生烟气的企业不宜建在有村镇座落的山谷之内。谷地烟气污染示意见图6-2。

　　3.在倚山临水、水陆风比较稳定的地区，高山和大型水域（海、湖、水库）之间的靠山地段，由于局部地区气流对污染物的叠加作用，可使污染物浓度增加而造成较严重的环境污染。在建设规划中，上述地区不宜兴建排放废水的企业。在一些滨水地区，居民区与工业区的布局应注意水和风的影响。滨水地区工业区污染及居民区的合理布局见图6-3。

　　山脊两侧居民区和工厂的布局，要注意到主导风的影响，尽量减少对居民区的污染。居民区倚山背水与主导风向污染见图6-4。

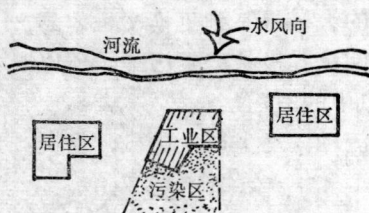

图 6-3　滨水地区工业区与居住区布局　　　　图 6-4　居住区倚山背水与主导风向污染

　　4.在山间盆地，由于地形封闭，全年静风时间长，各方位都可能受到污染，在山区的垭口和沟谷附近，受地形条件的影响很大，在居民区和居民区附近禁止兴建污染大气的企业。山间盆地条件下的烟气扩散见图6-5。

　　除此之外，在乡镇企业选场定址时，还应注意如下几点：

　　（1）某些排放有害气体的企业，应位于农作物、果树林、牧场及特种经济林抗害能

力最弱的生长季节的主导风的下风向。以尽量
减少工厂排放废气对农、林、牧业等的影
响。

（2）对于某些虽产生有害物质，但对
农、林、牧业危害较小的乡镇企业。一般可以
兴建于农、林、牧场地的一侧；而某些危害大
的企业则应远离农、林、牧业场地。

（3）对于那些排放有害有毒废水的企

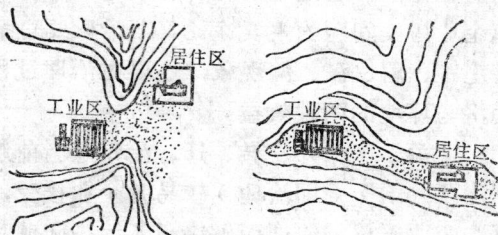

图 6-5　不同地形条件下烟气扩散示意

业，要远离养鱼池塘、禽畜饲养场区，防止有害有毒废水对鱼类、家禽、家畜的危害。

## 四、严格控制新的乡镇污染源

严格控制新的污染源，也是加强村镇环境管理的重要任务之一。因此，在发展乡镇企业的同时必须同步抓控制污染，杜绝环境污染的发展。《国务院关于加强乡镇、街道企业环境管理的规定》中已明确规定："所有新建、改建、扩建或转产的乡镇、街道企业，都必须填写《环境影响报告书》，由县级环境保护部门会同企业主管部门审批，当地计委、农办等有关部门不得批准建设，银行不予拨款、贷款，工商行政管理部门不得办发营业执照。对于不执行"三同时"规定而造成环境污染的，要追究有关部门、单位或个人的经济责任。"这一规定是防止村镇增加新的污染源的得力措施。

近年来，大中城市的一些工业企业，不断地向郊县、农村、集镇扩散。乡镇企业也因此而增点扩产，一批为大中企业（龙头企业）配套的生产项目、产品的零部件加工企业得到迅速地发展。但在这个发展过程中，确有不少污染严重而又难以治理的生产项目或产品，在悄悄地向农村转移，给村镇环境带来了严重危害。对此，《国务院关于加强乡镇、街道企业环境管理的规定》中明确规定："严禁将有害、有毒的产品委托或转移给没有污染防治能力的乡镇、街道企业生产，对于转嫁污染危害的单位有关人员以及接受转嫁的有关人员，要追究责任，严加处理。"城乡一体化发展，既要走经济结构合理、城乡联合发展、比翼齐飞、共同繁荣的道路，又要防止城市工业污染向村镇的转嫁。具体地讲，就是在村镇建设有污染的项目，必须严格执行"三同时"规定，并且要按照国家规定，填报《环境影响报告书》。

## 五、限期治理乡镇企业污染

对已产生环境污染的企业，根据有关法规条例，责令其在限定时间内进行治理。达到控制其扩散、降低污染的程度或基本消除污染，也是加强乡镇企业环境管理的重要措施。

乡镇企业是在整顿中求生存、求效益、求发展。村镇环境保护的实践证明：乡镇企业整顿应包括解决环境问题才能取得经济的、社会的、环境的效益。并且治理工业污染问题的办法和经验，归纳起来就是要实行关、停、并、转、迁、治。

对于基础较弱、点多面广的乡镇企业来讲，"关、停、并、转、迁"要算是对企业"做大手术"，而其中"治"相对于前几项来讲，对一般乡镇企业来讲，要好接受一些，好解决问题一些。所谓"治"就是对那些布局上比较合理或还有条件或可能在原厂（场）址治

理的企业，可通过采取各种有效措施，在一定期限内达到环境要求。这应该是解决目前乡镇企业污染问题的主要途径。"治"要包括多种手段，既要进行工艺改革，又要加强管理，杜绝跑、冒、滴、漏现象，还要在治理过程中，开展对"三废"资源的综合利用，以求得经济与环境的两种效益。

"关、停、并、转、迁、治"是当前解决乡镇企业环境污染的几种不同手段。前面虽已述及"治"（即治理）较易为企业接受，但并不是说不论对象都可以这样解决问题，当某些企业仅仅靠治理而解决不了污染问题时，就必须坚决采取"关、停、并、转、迁"的措施。各地环境保护部门，乡镇人民政府，要根据本村镇经济社会发展规划、环境规划及环境保护目标、具体条件，对乡镇企业的污染问题采取分期分批、限期治理的办法，做到有计划、有步骤地解决乡镇企业的污染问题。

## 六、努力创建清洁、花园工厂

目前，各地乡镇企业中，有部分企业（经济发达地区）开始向创建"清洁工厂"和"花园工厂"的方向努力。有少数企业已基本达到或接近"清洁工厂"的标准。在乡镇企业推广创建"清洁工厂"和"花园工厂"，也是加强乡镇企业环境管理的有效措施之一。关于"清洁工厂"和"花园工厂"，有关组织和专家已分别提出了应达到的标准。

**（一）清洁工厂的标准**

1.经济合理地利用资源、原料、能源和水，其消耗指标达到国内同行业的先进水平；

2.废水、废气、烟尘的排放和厂里噪声达国家标准，废渣得到妥善处理；

3.全厂从厂部、车间、工段都建立起健全的环境保护系统和监测系统，有科学的管理制度和办法；

4.厂容整洁，普遍绿化，厂区可绿化的地方都植树种草。

**（二）花园工厂的标准**

1.绿地面积占全厂（生产、生活用房）用地的30～50％；

2.乔灌木树冠覆盖率达40～60％；

3.绿地景观达到四时花开，四季景异，配制得体，风景宜人；

4.绿地表面除种植穴位外，用草皮、花卉覆盖，形成绿色地毯；

5.道路广场布局合理完善，外表整洁美观；

6.有完整的排水系统；

7.生产区，室外物资堆放整齐，不占用绿地，生活区无暴露的家用杂物，垃圾定点堆放，定时清除；

8.全厂有一个以上的小游园，满足职工工间、工余时休息，游览和开展户外文体活动的需要。

**（三）工厂环境绿化的一般原则**

工厂环境绿化是使厂区环境优美宜人，为全厂职工创造更好的生产和生活环境，使他们具有充沛的精力为工厂作出更大的贡献。工厂绿化也是创建"清洁工厂、花园工厂"的主要内容，是实行文明生产的重要条件。

1.选择适应本厂土质、气候、干湿度等能力较强的植物。

2.要注意合理配置树种比例；

（1）一般条件下，以乔木为主，与灌木结合，又以花卉作重点地点缀，地面铺植草坪和地被植物，增加绿色植物覆盖面积，乔木中又以阔叶树种为主，一般与常绿树保持1/3比例。北方冬季长，常青树种应适当多些，以保持绿色常青，夏季阔叶林遮荫；

（2）快长树种与慢长树种应选速生快长树种。通常情况下，速生快长树种约占40％为宜；

（3）观赏树木与果树木比例应适当，既能观赏又有经济效益。

3. 选择具有抗病虫害、抗污染物、抗涝、抗旱、抗盐碱条件的植物。

4. 钢铁、化工等重工业工厂，一般堆料地多，车辆往来，机器等噪声大，排污物种类多，成分复杂，其绿化植物的抗性要求较高，并兼有防噪声防火灾能力的乔灌木品种。

5. 棉纱、纺织、食品加工等轻工企业，产品一般要求有一定的温度、湿度范围，绿化要特别注意防止尘埃、细菌的污染，所选植物必须具有遮荫、滞尘和杀菌力强等特点。

6. 精密仪器，刺绣等精细工厂，除选择抗污染力、滞尘能力强的树种外，还应大量种植草坪、地被植物，尽量减少裸露和铺装地石。

7. 按污染物种类、浓度选择绿化，根据不同情况可选种抗有害气体的、抗尘埃的、具有强杀菌能力的、抗噪声能力强和有防火功能的植物。

## 第五节　加强村镇环境建设

### 一、开发利用清洁能源

目前，农村可能开发利用的清洁能源主要有太阳能、沼气、风能、地热能和潮汐能。积极开发利用清洁能源，对缓解农村普遍存在的能源不足、保护村镇环境、废弃物综合利用等起到很重要的积极作用。这无论从经济建设方面看，还是从环境保护角度说，它不仅有利于发展农村的多种经营，也是变废为宝、化害为利的有效途径。既增加了农村收入，又保护了村镇环境。

#### （一）太阳能

太阳向其周围空间辐射传递的能量就是太阳能。采用各种装置将太阳能转变为其他形式的能，为人类的生产、生活所利用，这就是太阳能的利用。在我国广大农村，广泛应用的太阳能温室，用于种植蔬菜和早春育苗；薄膜阳畦，用作温床育秧育苗。温度在白天可达到30℃，夜间也可达到20℃左右；太阳能干燥器，用于干燥农副产品等。在城乡居民生活方面，可用于烧水、做饭、煮饲料、热水淋浴等。

目前农村因地制宜，研究使用的太阳灶种类较多，有伞式、箱式、平面反射式、折叠式等。村镇居民生活上常用的是伞式太阳灶。甘肃省某县利用太阳灶解决农村生活燃料、郑州市北郊某村设计建造Ⅰ、Ⅱ、Ⅲ型太阳能农民住宅等深受当地居民的欢迎。据某县调查推算，每一台太阳灶每年可平均代替生活用烧柴550kg以上，占农村仅做饭一项耗能的15.43％。实践证明，在北方干旱地区，特别是少雨的地区，使用太阳灶有很好的物质基础和气象条件。那里晴天多、辐射强度、热效率高。据测算，夏季烧开250kg水需2.5～3min，春秋季需4min，冬季需5min。除此之外，太阳能浴室和太阳能取暖等也开始在一些地区应用。

### （二）沼气

沼气是利用人、畜排泄物（如粪尿）、农作物废弃物（如农作物秸杆、青草）及生活废弃物等各种有机物质沤制产生的一种无色，无味的可燃性气体。沼气主要成分是甲烷（约占60%），还含有二氧化碳、氮气等。沼气经燃烧可将其转变为热能、光能、电能、机械能等。据测定：每 $m^3$ 的沼气能产生2303～2763万J的热量，能使一盏相当于80～100W电灯的沼气灯连续工作6h；能供给五口之家每日做三餐饭所需的能源。沼气除用作燃料和照明外，还可转换为机械能用于发电、抽水、碾米等。如若规划设计合理，各种效益综合考虑，发展沼气对进行综合利用的前景更加可观，沼气能综合利用见图6-6。

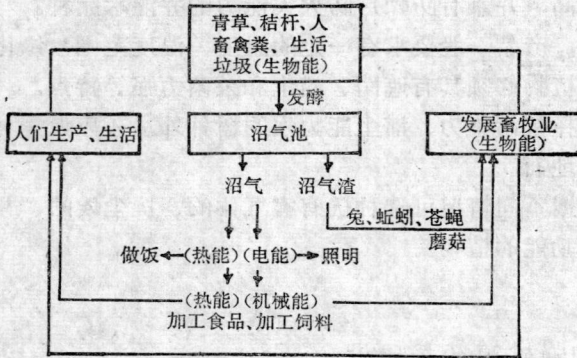

图 6-6 沼气能综合利用

目前农村建设的沼气池，类型较多，在外型方面有圆型和椭圆型，有造型简单和较复杂的；在使用方面有单一的，也有将猪圈、厕所、沼气池三为一体的。各地可根据自己的具体条件、因地制宜、灵活运用。

### （三）地热能

人类生存的地球是一个巨大的能源仓库，而地热则是"能源库"中的一种。我国幅员辽阔，许多地区都储有较丰富的热水资源、地热蒸汽田、表露于地面可直接开发利用的热水资源。在农村，地热的利用主要有供热和发电两种方式。如建设地热室，可创造出一年四季生机盎然的小环境，通常用于栽培西红柿、黄瓜、辣椒等新鲜蔬菜和种植西瓜等。塑料地热大棚，用地热水与冷水混合用，使水温保持在37℃，冬季放养热带鱼种（罗非鱼）养殖。利用地热蒸汽田（平均地温比普通地温高6～7℃）建温室，试种黄瓜、芹菜、西红柿、韭菜、蒜苗等新鲜细菜收到良好效果。在医疗方面，利用地热水浴疗法，解除人们的疾病。云南腾冲县，人们利用天然热汽泉、矿泉洗澡，治疗风湿性疾病和急慢性腰痛等有特殊疗效。另外，地热能还能用于乡镇工业，如利用地热能蒸煮或烘烤工副业生产品。目前我国的地热电站已试制成功。

### （四）风能

风是一种气象现象，也是自然界里一种取之不尽、用之不绝的自然能源。风能在我国很早就应用于碾米、榨油、提水和灌田等。将风能转变成电能加以利用，这在我国西南地区、大草原及沿海地区农村、小岛屿等地具有十分广阔的前景。

### （五）潮汐能

潮汐是由于月亮和太阳的吸引力而产生的海水位定时涨落的现象。人们便利用这种涨落所造成的水位差产生的势能，这就是潮汐能。

在我国漫长的海岸线上，布满了无数大大小小的入海河道。这些河道因受潮汐影响，水位有很大幅度的起落。有的河道深入内陆数十公里，且水位仍有很大的变化。沿海地区有这样有利的自然条件，为普遍建立潮汐能电站创造了十分有利的条件。

建中小型潮汐能电站，可因地制宜地利用天然小海湾和入海河口，以及受潮汐影响有水位涨落的河道、池塘和小湖泊等处建造。在修建时，还应使工程具有综合功能，如既能发电，又能防洪，既有利于农田灌溉，又便于农船航行等。

## 二、大力发展生态农业

我国地域辽阔，自然资源丰富，但各地的环境条件差异较大，很适宜于根据各地的资源和环境条件发展不同模式的生态农业。生态农业是在生态规律和经济规律的统一指导下，建设起来的一种新型的农业、畜牧业、养殖业生产模式。其基本出发点是充分利用太阳能的转化率以及提高生物能的利用率和农业生产废弃物的综合利用率，加速农业生态系统的物质流和能量流的再循环过程。从而起到促进生产发展、维护自然生态平衡的作用，达到少投入原料、燃料、肥料、饲料等，多产出各种农业、畜牧业、农副产品等的目的。收到保护生态、改善环境、发展生产和资源连续利用、繁荣经济的综合效果。发展生态农业，从环境保护角度说，是保护生态环境的积极途径；从农业角度来说，是适合农村发展种植业、养殖业到深加工业的一套合理的生产结构和生态结构，是实现农业现代化，强化环境管理的重要措施。

### （一）生态农业的主要内容

1.按照生态经济原则，也就是生态效益、经济效益和社会效益"三同步"的原则，规划村镇建设和计划农业生产；

2.通过现代科学技术手段提高人类对太阳能和生物能的利用率；

3.遵循生态规律，组织农业生产；

4.按照食物链及其营养级的量比关系安排与调整农村产业结构和大农业生产结构；

5.在保持长期利用的原则下开发利用农业自然资源；

6.进行多层次、立体、循环利用的农业生产；

7.提高农作物与家畜对环境的适应性，改进农作物与家畜的生产条件；

8.有机农业与无机农业结合，生物防治与化学防治结合，有机肥与化肥结合；

9.保护与治理农业生态环境，防治村镇环境污染；

10.实现投入少、产出多、能耗低、有利于环境净化的生态环境良性循环。

近年来我国生态农业发展较快，各地区先后建起了多种形式的生态户、生态村和生态场，一个有多种形式的村镇生态农业结构正在形成。如已建成的有：以种植业为主的"农业型"；以水产养殖业为主的"渔业型"；以农林为主的"农林型"；农渔兼有的"农渔型"；以兴办沼气为主的"能源型"；以农、林、牧、副、渔各业并举的"综合型"。在规模方面，有以家庭承包责任制发展起来的"生态户"；也有以自然村为单元的"生态村"。除此之外，一些地区正在建设有相当规模的、区域性的"生态乡、镇"。另据有关资料，有的地方甚至已开始规划建设"生态县"。

### （二）"生态农业"模式

1."能源型"生态模式。这个模式适合于山区、平原缺少能源的地区。它 的 基 本 点是通过发展沼气，而其关键措施是充分利用沼气能、太阳能、风能、薪炭林等自然资源，实行综合开发利用。沼气除了用于生活外，还用于孵鸡、育蚕和发电；沼气渣喂鱼、育蘑菇。开发利用太阳能，安装太阳能灶、建起利用太阳能的育蚕室和浴室。广植薪炭林，形成农田林网化。桑叶喂蚕，蚕沙喂猪、猪粪喂鱼。江苏省射阳县运用上述生态模式，基本摆脱了过去"缺燃料、缺肥料、缺饲料"的被动局面，实现了每户一个沼气池、一个太阳灶、一个节柴灶、一片薪炭林，全村经济和环境状况得到良好的改善。"能源型"生态模式见图6-7。

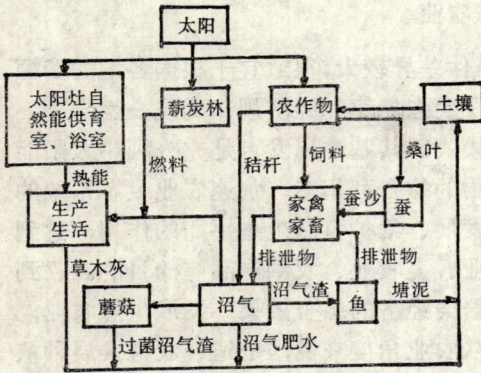

图 6-7 "能源型"生态模式

2. "塘基型"生态模式。这个模式非常适合于我国南方河网地区。"塘基型"生态模式见图6-8。

在这个生态系统中，塘基（池塘边的土埂）种桑，桑叶养蚕，蚕蛹、蚕养鱼，构成"桑基鱼塘型"生态系统；如果在塘基种植甘蔗，蔗尾、蔗叶养鱼，构成"蔗基鱼塘型"生态系统。利用猪粪养鱼，塘泥种植桑叶或蔗。塘中可分层养鱼，使上中下三层鱼综合利用塘中饵料，形成"桑茂、蚕壮、鱼肥"和"鱼肥、泥肥、桑茂"的生态关系。

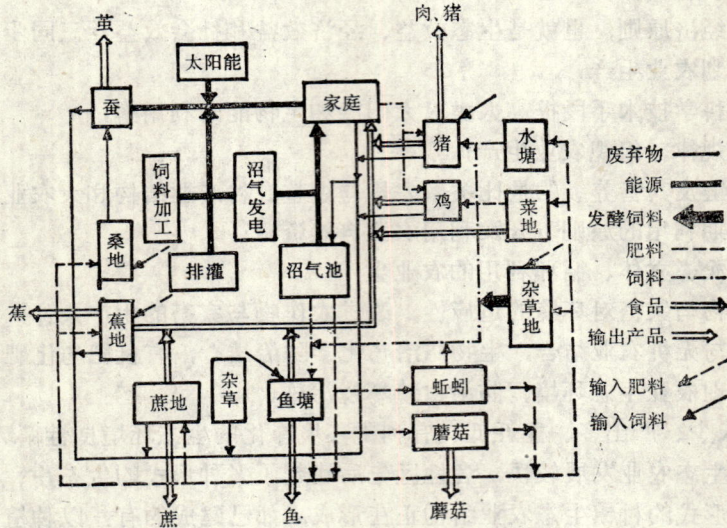

图 6-8 "塘基型"生态模式

3. 从事以养殖业为主，辅以加工业、种植业循环作业的"生态户"。

这个模式是在种植责任田的同时，发展家庭饲养业，相应辅以加工业，构成一个合理运用食物链、按生态规律从事生产并取得明显经济效益的"家庭生态农场"，被誉为"生态专业户"。"生态户"模式见图6-9。

江苏省东台县有个远近闻名的"王尤珍生态专业户"。该专业户运用图6-9模式生产经营，取得很大的成绩。该"生态户"的户主王尤珍因此而当选为六届人大代表，江苏省劳模。她在承包土地上种植麦子、大豆、玉米、山芋、萝卜等多种作物，以供家庭食用和养殖用的饲料。用粮食、饲料养鸡、鸭、鹌鹑、猪、羊、兔等，以获得禽畜的肉类产品；用所产鸡蛋、羊奶及加工上述禽畜的下水，喂养水貂、艾虎。用糖、奶喂养种蝇产蛆，以蛆喂养鹌鹑、鸡、蝎、水貂、艾虎。蚯蚓、玛瑙螺、黄鳝、地鳖虫是系统的清洁工，它们都以畜禽粪便和生活废弃物为食，而又为肉食动物提供了高蛋白饲料。

4."生态村"模式。著名的北京留民营生态村，是以发展沼气为主带动农、牧、渔、副业发展的综合型生态模式。这种模式适合于我国北方地区。北京留民营生态村模式见图6-10。

留民营生态模式，是把粮食加工后的麸皮、米糖和作物秸秆，粉碎加工为饲料送往畜牧场；畜粪和部分秸秆送入沼气池，沤制沼气，沼气给居民生活和工副业生产使用；沼气渣和水，部分送往鱼塘和蔬菜大棚，另一部分送往蘑菇房和饲料加工厂；鱼塘污泥送至农田、果园、菜地作肥料；蘑菇渣、菜叶等作饲料。豆制品厂的部分豆浆送至奶牛场，豆渣喂猪、牛、鸡。藕塘荷叶作绿肥，塘泥作农作肥料，鸡类除用于喂猪喂鱼外，还可加工后喂牛。通过10a的发展，目前"留民营村不仅向（北京）市民提供着无公害、无污染的粮、果、畜、禽、蛋，而且在不断改善着自己的生活环境。"它们已收到"发展生产，保护环境，能源再生利用，增加收入"的综合效益，被誉为"中国生态第一村"。

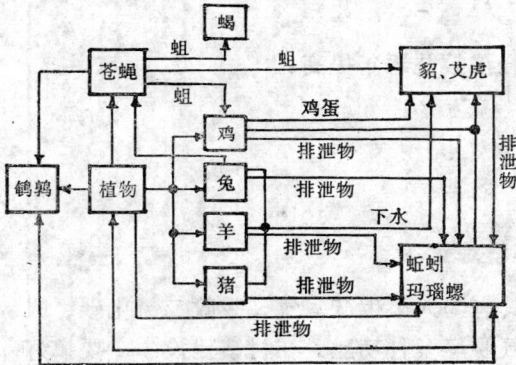

图 6-9 "王尤珍生态户"模式

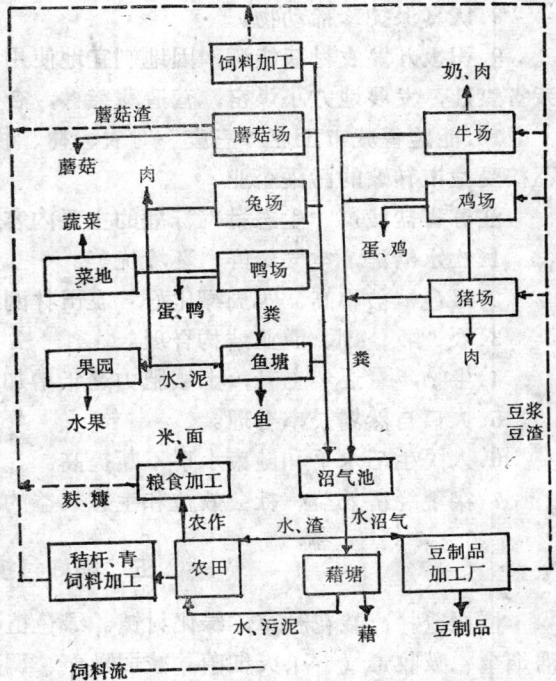

图 6-10 北京留民营"生态村"模式

### （三）"生态村"建设标准

生态村的建设，目前尚无统一的标准，又因各地条件差异较大，即使是目前已搞得比较好的模式，也不能完全照搬照套。随着村镇建设的发展，许多地方已相继制定了适合本地的"生态农村"试行标准。如安徽省城乡建设环境保护厅制订的"生态农村"试行标准。这个标准主要包括以下内容：

1.根据大农业区划，因地制宜地做到农、业、牧、副、渔、工、商多种经营。其中主要农村产品要按统一计划安排，并有多种农村产品进入市场。人均收入要达到较高的水平。

2.合理使用土地资源，严格控制非农业用地，有防止水土流失措施，不搞盲目开荒、围垦或陡坡开垦。

3.做到培肥土壤和改良低产土壤，大力提高有机肥的施用比例，使土壤含有相当高的有机质。合理使用化肥，推广使用复合肥和微量元素肥料。

4.在无特大自然灾害情况下，水利工程应能灌能排，旱涝保收，合理建造水库和开发河流，保持湖泊水库有一定的蓄水量。合理利用水资源，合理开发地下水资源。

5.认真执行各项林业政策，宜林山区造林覆盖率要达到40～60％。平原绿化覆盖率要达到10～13％。农村四周植树，平原丘陵发展林粮间作。不乱砍滥伐树木，不毁林开荒，保护和培植地被植物，森林采伐量不超过生长量。

6.大力发展各种形式的畜禽饲养业，适当种植饲料粮，扩大饲料过腹还田，不断向城市输送副食品并逐步改善人民的食品结构。

7.推广使用低残毒农药，控制使用化学农药，综合防治农林病虫害，保护害虫和鼠类的天敌。

8.认真保护珍稀动物。

9.积极开发农村新能源，因地制宜地使用沼气、太阳灶、小水电、风能、地热能、省柴省煤灶，发展地方小煤窑，营造薪柴林，合理利用农作物秸秆。

10.能监督城市工业"三废"对农、林、牧、渔业的污染。乡镇企业不污染农业环境。不接受城市转嫁的污染企业。

江苏省盐城市"生态村"标准的主要内容是：

1.饮水清洁，空气新鲜，环境优美。

2.绿色植被率高，四周绿化好，农田林网化。

3.农、牧、副、渔业结构合理。

4.生物年量逐年上升，土壤肥力逐年增加，经济效益逐年提高。

5.人口自然增长率合理。

6.人民生活水平和健康水平不断提高。

7.实现经济效益、社会效益和生态效益的统一。

## 五、搞好村镇环境绿化

植树造林，栽花种草，绿化村镇。绿色植物具有为人类生产氧气、吸收二氧化碳、吸滞烟尘、吸收毒气、杀灭细菌、减弱噪声、调节气候等多种功能。在村镇建设中，要搞好环境绿化，首先要搞好村镇环境绿化规划。其中包括住宅建筑、公共建筑、生产建筑用地的绿化；道路绿化、公共绿地、防护林带或绿地、生产绿地（如果园、林地、苗圃等），使之形成绿化系统，充分发挥其保护环境、维护生态平衡的作用。

### （一）建筑用地绿化

住宅建筑的绿化，包括院内和宅旁的绿化。宅院内可根据自家的爱好及生活需要进行绿化。如为遮阳、乘凉，应种植树冠大的乔木或搭设棚架种植攀缘植物；为院内分隔空间，可种植灌木等。要注意宅旁绿化的规划管理，要根据住宅的布置情况，并与道路绿化统一安排，可在几幢住宅间设置小片宅旁绿地。

生产建筑用地的绿化，要特别突出保护环境的作用。在产生烟尘的地段，要选择抗性强的树种；在易于产生噪声的地段，宜种植分枝低，枝叶茂盛的灌木丛与乔木；在精密仪表仪器车间附近，应在其上风向营造防护林带，并选择防尘能力强的树种。

### （二）公共绿地的绿化

在村镇规划范围内，不宜搞建筑的地段、山岗、河滨等，可结合防洪和防止水土流失的要求进行绿化，布置成公共绿地；结合村镇文化中心等公共建筑，可适当选择和安排小型公共绿地。

### （三）道路的绿化

道路绿化的基本功能，是吸声、防风、防尘、遮阳和调节气候等。行道树的位置应不防碍临街建筑的日照和通风，还要注意保证行车视线，曲线地段及交叉路口处要符合视距的基本要求。

### （四）防护绿地的绿化

防护林带的种植结构，按其防护效果，一般设计为：不透风型、半透风型、透风型三种。常用防护林带结构见图6-11。

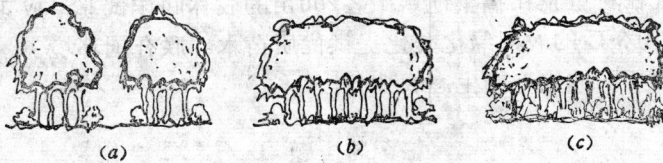

图 6-11 常用防护林带结构
（a）透风型；（b）半透风型；（c）不透风型

易受风沙侵袭地区的村镇外围应设置防护林,方位应与主要要害风向垂直或者有30°以内的偏角。一般由1～3条林带组成（每条林带宽度不少于10m），通风的最前面一条布置透风型，依次为半透风型和不透风型。卫生防护林，其宽度可根据污染的情况而定，距污染源近处布置透风型，而后依次为半透风型和不透风型，以利于有害物质被吸收过滤，在最后再布置不透风型，主要是阻止污染物（气体或粉尘）向外扩散。防噪声林应布置在声源附近，向声源面应布置半透风型，背声源面布置不透风型，并选用枝叶茂密、叶片多毛的乔、灌木树种。

树种选择是实现绿化规划的关键。要注意选择一批最适合当地条件、有利于保护生态环境的树种。具体工作时应注意以下几点：

1.确定骨干树种。通常把适应当地土壤、气候、对病虫害及有害气体抗性强、生长健状、美观、经济价值高、保护环境效果好的树种作为骨干树种。对几种有害气体抗性强的树种见表6-3。

2.常绿树与落叶树配合，使村镇四季都有良好的绿化效果。

**对几种有害气体抗性强的树种**　　　　　　　　　　　表 6-3

| 有害气体 | 抗性强的树种 |
| --- | --- |
| 二氧化硫 | 大叶黄杨、海桐、山茶、女贞、构骨、爪子黄杨、棕榈、构桔、枇杷、夹竹桃、无花果、金桔、凤尾兰、龙柏、桂花、石楠、木槿、广玉兰、臭椿、罗汉松、苦楝、泡桐、麻栎、白榆、紫藤、侧柏、白杨、槐树 |
| 氯 气 | 龙柏、大叶黄杨、海桐、山茶、女贞、棕榈、木槿、夹竹桃、银桦、刺槐、垂柳、金合欢、桑、枇杷、小叶黄杨、白榆、泡桐、樟树、栀子 |
| 氟 气 | 大叶黄杨、海桐、山茶、棕榈、凤尾兰、桑、爪子黄杨、香樟、龙柏、垂柳、白榆、枣树 |

3.速生树种与慢生树种配合。为使村镇近期实现绿化，可先种植速生树种，并考虑逐渐更新，配植一定比例的环境效益好、经济价值高的慢生树种。

4.骨干树种与其他树种配合，使村镇绿化丰富多彩，并满足各种功能的要求。

被誉为"中国生态第一村"的北京大兴县留民营村，在环境绿化方面已取得了令人瞩目的成就。最近他们"对村镇农田进行了重新规划，栽植各种树木20000株，灌木柳25万株，花卉4000株。通过两期绿化工程，村里初步形成了园林化。村中，绿茵花草簇拥着一座座漂亮的小楼、庭院。畜禽场周围绿树环抱，院内花坛花团锦簇。一座占地10多亩的"生态公园"正在兴建。"农田也被打上了14块网格，由毛白杨、灌木柳、桧柏组成的14条林带纵横交错。"现在村里正在搞旱地水田各200亩的农林间作试验，成功后在全村推广，120亩的良种苗圃为今后的农田绿化美化提供优质苗木。联合国环境规划署官员们称赞，这是一个正在走向"园林化"的生态农业村。

## 练 习 题

1.什么是环境管理？环境管理常采用哪些方法和手段？

2.乡镇环境保护员的主要职责是什么？

3.什么是环境法规体系？我国的环境法规主要由哪几个部分组成？

4.试简述村镇环境规划与经济发展规划的关系。

5.什么是"三同时"规定，怎样加强对乡镇企业执行"三同时"的管理？

6.加强乡镇环境建设主要从哪几个方面着手？

7.什么是生态农业？

# 主要参考文献

1.村镇建设技术丛书编委会编．村镇建设与环境保护．天津：天津科学技术出版社，1987

2.同济大学主编．城市环境保护．北京：中国建筑工业出版社，1987

3.刘天齐等编．环境保护概论．北京：人民教育出版社，1983

4.刘培桐主编．环境学概论．北京：高等教育出版社，1986

5.姜象鲤主编．环境保护教程．北京：中国建筑工业出版社，1987

6.钱栋林等编著．乡镇环保员手册．北京：中国环境科学出版社，1987

7.唐云梯、刘人和主编．环境管理概论．北京：中国环境科学出版社，1992

8.刘燕生编．乡镇企业环境保护知识问答．北京：中国环境科学出版社，1987

9.湖南大学编．环境工程概论．北京：中国建筑工业出版社，1990

10.诸葛阳编著．生态平衡与自然保护．杭州：浙江科学技术出版社，1987

11.林亚真等主编．城市环境与规划．北京：中国建筑工业出版社，1981